HÖHERE MATHEMATIK II

für Maschinenbauer

Skript zur Vorlesung

Gerhard Jank

und

Hubertus Th. Jongen

Layout und Design:

Yubao Guo

Korrektur: P. Flach
K. Meer
M. Mildner
A. Rohde
G.-W. Weber

Zeichnungen
und Aufgaben: J. Biermann

AACHENER BEITRÄGE ZUR MATHEMATIK

Herausgeber:

Gerhard Jank, Hubertus Th. Jongen:
Höhere Mathematik II für Maschinenbauer
Skript zur Vorlesung
3. Auflage Aachen:
Wissenschaftsverlag Mainz in Aachen, 1999
(Aachener Beiträge zur Mathematik, Band 4)
ISSN 1437-6792
ISBN 3-86073-044-4

Wissenschaftsverlag Mainz in Aachen
Süsterfeldstr. 83, 52072 Aachen
Telefon: 02 41 / 2 39 48 oder 02 41 / 87 34 34
Fax: 02 41 / 87 55 77

Herstellung: Druckerei Mainz GmbH,
Süsterfeldstr. 83, 52072 Aachen
Telefon 02 41 / 87 34 34; Fax: 02 41 / 87 55 77

Gedruckt auf chlorfrei gebleichtem Papier

– Inhaltsverzeichnis –

VIII. Anwendungen der Differentialrechnung

VIII. 1. Mittelwertsatz und einfache Anwendungen

Vorbereitend beweisen wir den

Satz 8.1.1 (Rolle):

Es sei $f : [a, b] \to \mathbb{R}$ stetig und differenzierbar in (a, b) mit $f(a) = 0$ und $f(b) = 0$. Dann existiert ein $x_0 \in (a, b)$, so daß $f'(x_0) = 0$.

Beweis:

Geometrische Veranschaulichung:

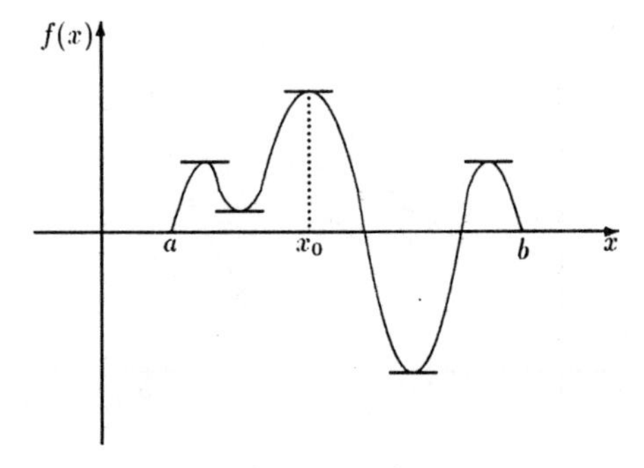

[Fig. 8. 1]

1) Ist $f \equiv 0$, so ist die Aussage klar.

2) Es sei $f \not\equiv 0$ und o. E. existiere $\tilde{x} \in (a, b)$, so daß $f(\tilde{x}) > 0$ (andernfalls betrachte man $-f$). Nun ist f stetig auf $[a, b]$, womit nach dem Satz 5.3.4 das Maximum angenommen wird, etwa an der Stelle $x_0 \in [a, b]$, sodaß $f(x_0) \geq f(x)$ für alle $x \in [a, b]$ gilt. Wegen

der Voraussetzung muß dann aber $x_0 \in (a, b)$ sein. Damit ist

$$\frac{f(x) - f(x_0)}{x - x_0} \begin{cases} \geq 0 & \text{falls} \quad x < x_0, \\ \leq 0 & \text{falls} \quad x > x_0, \end{cases}$$

woraus $f'(x_0) = 0$ folgt.

∎

Wichtig ist nun der folgende Satz:

Satz 8.1.2 (1. Mittelwertsatz der Differentialrechnung):

Es sei $f : [a, b] \to \mathbb{R}$ stetig und differenzierbar auf (a, b). Dann gibt es ein $x_0 \in (a, b)$, so daß

$$\frac{f(b) - f(a)}{b - a} = f'(x_0).$$

Beweis:

Geometrische Veranschaulichung:

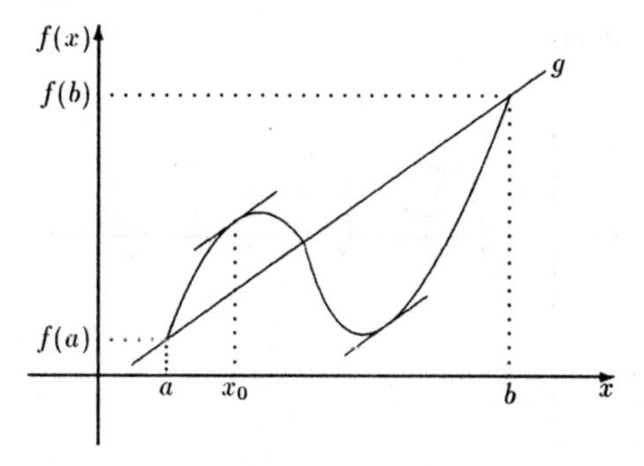

[Fig. 8. 2]

Man bemerkt, daß die Tangente in x_0 parallel zur Geraden g ist. Wir setzen deshalb:

$$h(x) = f(x) - \underbrace{\left[\frac{f(b) - f(a)}{b - a}(x - a) + f(a)\right]}_{\text{Darstellung der Geraden } g}.$$

Dann gilt $h(a) = h(b) = 0$ und h erfüllt die Voraussetzungen von Satz 8.1.1. Daher gibt es ein $x_0 \in (a, b)$ mit $h'(x_0) = 0$, d. h.

$$0 = f'(x_0) - \frac{f(b) - f(a)}{b - a}.$$

∎

Eine einfache Anwendung erläutern wir durch zwei Beispiele:

Beispiel 8.1.3:

1) Es sei $f : [0, 1] \to \mathbb{R}$ mit $f(x) = x - x^2$, $f(0) = 0$, $f(1) = 0$. Dann gibt es nach dem Satz von Rolle ein x_0 mit $f'(x_0) = 0$. Es ist in diesem Fall $f'(x_0) = 1 - 2x_0 = 0$, falls $x_0 = \frac{1}{2}$.

2) Wieviele reelle Nullstellen besitzt das Polynom

$$P(x) = x^{45} + 5x^{17} + 2x - 8 \ ?$$

Es ist $P(1) = 0$. Außerdem ist $P'(x) = 45x^{44} + 85x^{16} + 2 \geq 2$ für alle $x \in \mathbb{R}$. Würde $P(b) = 0$ für ein $b \neq 1$ gelten, so würde nach dem Satz von Rolle $P'(x_0) = 0$ für ein geeignetes x_0 gelten. Dies steht im Widerspruch zu $P'(x) \geq 2$.

∎

Eine einfache Folgerung aus dem Mittelwertsatz liefert:

Satz 8.1.4:

Es sei $f : [a, b] \to \mathbb{R}$ stetig und differenzierbar auf (a, b). Dann gilt: $\exists C \in \mathbb{R}$ mit $f(x) = C$ für alle $x \in [a, b]$ genau dann, wenn $f'(x) = 0$ für $x \in (a, b)$ gilt.

Beweis:

Wenn $f(x) = C$ für alle $x \in [a, b]$ ist, so gilt natürlich $f' = 0$.

Ist umgekehrt $f'(x) = 0$ für $x \in (a, b)$ und $x_0 \in (a, b]$, so gilt für ein $\xi \in [a, x_0]$

$$\frac{f(x_0) - f(a)}{x_0 - a} = f'(\xi) = 0,$$

womit $f(x_0) = f(a) =: C$ folgt.

∎

Bemerkung 8.1.5:

Sind f, g differenzierbar auf $[a,b]$ und gilt $f'(x) = g'(x)$ für alle $x \in [a,b]$, so existiert eine Konstante C mit $f = g + C$ auf $[a,b]$.

Beweis:

Setze $h(x) = f(x) - g(x)$, so gilt $h'(x) = f'(x) - g'(x) = 0$ in $[a,b]$, womit nach dem vorangegangenen Satz $h(x) = C \ \forall x \in [a,b]$ und damit die Aussage folgt.

∎

Der nächste Satz liefert uns ein einfaches Kriterium zur Überprüfung des Monotonieverhaltens einer Funktion.

Satz 8.1.6:

Es sei $f : [a,b] \to \mathbb{R}$ differenzierbar. Dann ist f

1) streng monoton steigend in $[a,b]$, falls dort $f'(x) > 0$ gilt;

2) streng monoton fallend in $[a,b]$, falls dort $f'(x) < 0$ gilt;

3) gilt $f' \geq 0$ bzw. $f' \leq 0$, so ist f monoton steigend bzw. fallend.

Beweis:

Seien $x_1, x_2 \in [a,b]$ und $x_1 > x_2$, dann gilt nach dem Mittelwertsatz

$$\frac{f(x_1) - f(x_2)}{x_1 - x_2} = f'(\xi), \qquad \xi \in (x_2, x_1).$$

Ist $f'(\xi) > 0$ (bzw. $f'(\xi) < 0$), so folgt $f(x_1) > f(x_2)$ (bzw. $f(x_1) < f(x_2)$) und analog folgen die Aussagen für $f' \geq 0$ (bzw. $f' \leq 0$).

∎

Bemerkung 8.1.7:

1) Umgekehrt gelten diese Aussagen nicht alle. Man darf also nicht etwa aus der strengen Monotonie auf $f' > 0$ schließen. Betrachtet man zum Beispiel $f(x) = x^3$ im Intervall $[-1,1]$, so ist diese Funktion dort streng monoton, jedoch ist $f'(0) = 0$.

2) Die Sätze 8.1.1, 8.1.2 und 8.1.6 sind bereits in HMI aufgetreten (Vgl. Satz 6.1.10, 6.1.12 und Korollar 6.1.13).

∎

Als weitere Anwendungen der Mittelwertformel wollen wir Grenzwerte von Funktionen bestimmen. Im Rahmen der Rechnung mit konvergenten bzw. bestimmt divergenten Folgen sind Ausdrücke der Form

$$\frac{0}{0},\quad 0\cdot\infty,\quad \infty-\infty,\quad 0^0,\quad 1^\infty,\quad \frac{\infty}{\infty},\quad \infty^0$$

nicht sinnvoll zu erklären. Treten diese Werte jedoch als Grenzwerte geeigneter Funktionen auf, so kann die Gesamtfunktion noch einen Grenzwert besitzen. Dies ist im wesentlichen der Inhalt der Regel von de l'Hospital.

Satz 8.1.8 (Die Regel von de l'Hospital für den Fall $\frac{0}{0}$):

Es seien $x_0 \in [a,b]$ und f, g in $[a,b]\setminus\{x_0\}$ differenzierbar mit $g'(x)\neq 0$ in $[a,b]\setminus\{x_0\}$. Außerdem sei

$$\lim_{x\to x_0} f(x) = \lim_{x\to x_0} g(x) = 0.$$

Existiert nun der Grenzwert

$$\lim_{x\to x_0}\frac{f'(x)}{g'(x)}$$

eigentlich oder uneigentlich, dann gilt

$$\boxed{\lim_{x\to x_0}\frac{f(x)}{g(x)} = \lim_{x\to x_0}\frac{f'(x)}{g'(x)}.}$$

Beweis:

Es sei $(x_n)_{n\in\mathbb{N}} \subset [a,b]\setminus\{x_0\}$ eine Folge mit $x_n \to x_0$ für $n\to\infty$. Setzen wir $g(x_0) = f(x_0) = 0$, so sind beide Funktionen stetig auf $[a,b]$ und differenzierbar in (x_n, x_0) oder (x_0, x_n), je nachdem ob $x_n < x_0$ oder $x_n > x_0$ gilt. Wegen $g'(x)\neq 0$ und $g(x_0)=0$ folgt mit dem Satz von Rolle, daß $g(x)\neq 0$ für alle $x\in[a,b]\setminus\{x_0\}$ gilt. Wir setzen nun für $n\in\mathbb{N}$ und $t\in[a,b]$

$$\varphi_n(t) = f(t) - \frac{f(x_n)}{g(x_n)}g(t).$$

Es gilt $\varphi_n(x_0)=0$ und $\varphi_n(x_n)=0$ für $n\in\mathbb{N}$. Dann existiert ein ξ_n mit $\varphi_n'(\xi_n)=0$, also

$$0 = f'(\xi_n) - \frac{f(x_n)}{g(x_n)}g'(\xi_n).$$

Daraus folgt sofort

$$\frac{f'(\xi_n)}{g'(\xi_n)} = \frac{f(x_n)}{g(x_n)}.$$

Denn es gilt $\xi_n \in (x_n, x_0)$ oder $\xi_n \in (x_0, x_n)$, womit sich $\xi_n \to x_0$ für $n \to \infty$ ergibt. Damit folgt wegen der Voraussetzung

$$\lim_{x\to x_0} \frac{f'(x)}{g'(x)} = \lim_{n\to\infty} \frac{f'(\xi_n)}{g'(\xi_n)} = \lim_{n\to\infty} \frac{f(x_n)}{g(x_n)} = \lim_{x\to x_0} \frac{f(x)}{g(x)}.$$

Die letzte Gleichheit ergibt sich aufgrund der beliebigen Wahl der Folge $(x_n)_{n\in N}$.

∎

Bemerkung 8.1.9

Ist $x_0 = \pm\infty$, so ersetzt man x durch $\frac{1}{y}$ und betrachtet den Grenzübergang $y \to 0^{\pm}$.

Beispiel 8.1.10:

1) Man bestimme $\lim\limits_{x\to 0} \frac{\sin x}{x}$.

$$f(x) = \sin x \qquad f(0) = 0$$
$$g(x) = x \qquad g(0) = 0 \qquad \Longrightarrow \text{Fall } \frac{0}{0}$$
$$x_0 = 0$$

Wegen $f'(x) = \cos x$ und $g'(x) = 1$ existiert nun der Grenzwert

$$\lim_{x\to x_0} \frac{f'(x)}{g'(x)} = 1.$$

Damit erhalten wir nach dem Satz 8.1.8

$$\lim_{x\to 0} \frac{\sin x}{x} = \lim_{x\to 0} \frac{\cos x}{1} = 1.$$

2) Man bestimme $\lim\limits_{x\to 0} \frac{\cos x - 1}{x^2}$.

$$f(x) = \cos x - 1 \qquad f(0) = 0$$
$$g(x) = x^2 \qquad g(0) = 0 \qquad \Longrightarrow \text{Fall } \frac{0}{0}$$
$$x_0 = 0$$

$$f'(x) = -\sin x \qquad f'(0) = 0$$
$$g'(x) = 2x \qquad g'(0) = 0 \qquad \Longrightarrow \text{Fall } \frac{0}{0}$$

$$f''(x) = -\cos x \qquad f''(0) = -1$$
$$g''(x) = 2 \qquad g''(0) = 2 \qquad \Longrightarrow \lim_{x\to 0} \frac{f''(x)}{g''(x)} = -\frac{1}{2}$$

Damit folgt dann zunächst (wegen $g''(x) \neq 0$)

$$\lim_{x\to 0}\frac{f'(x)}{g'(x)} = \lim_{x\to 0}\frac{f''(x)}{g''(x)} = -\frac{1}{2}$$

und daraus (wegen $g'(x) \neq 0$ für $x \neq 0$) durch nochmalige Anwendung der Regel von l'Hospital

$$\lim_{x\to 0}\frac{\cos x - 1}{x^2} = -\frac{1}{2}.$$

∎

Bevor wir weitere Beispiele betrachten, wollen wir ohne Beweis noch einen analogen Fall angeben.

Satz 8.1.11 (Die Regel von de l'Hospital für den Fall $\frac{\infty}{\infty}$):

Es seien $x_0 \in [a,b]$ und f, g in $[a,b]\setminus\{x_0\}$ differenzierbar mit $g'(x) \neq 0$ in $[a,b]\setminus\{x_0\}$. Außerdem sei

$$\lim_{x\to x_0} f(x) = \lim_{x\to x_0} g(x) = \infty.$$

Existiert der Grenzwert

$$\lim_{x\to x_0}\frac{f'(x)}{g'(x)}$$

eigentlich oder uneigentlich, so gilt

$$\boxed{\lim_{x\to x_0}\frac{f(x)}{g(x)} = \lim_{x\to x_0}\frac{f'(x)}{g'(x)}}.$$

∎

Bemerkung 8.1.12:

1) Ist $\lim_{x\to x_0} g(x) = -\infty$, so betrachtet man $\boxed{-\frac{f}{-g}}$.

2) Ist $x_0 = \pm\infty$, dann ersetzt man wieder x durch $\frac{1}{y}$ und betrachtet $y \to 0^{\pm}$.

∎

Beispiel 8.1.13:

1) Man bestimme $\lim_{x\to\infty} \frac{(e^x)^\alpha}{x^\beta}$, $\alpha,\ \beta > 0$.

Die Form ist offensichtlich $\frac{\infty}{\infty}$. Eine m-fach Differentiation von Zähler und Nenner liefert mit $f(x) = (e^x)^\alpha = e^{\alpha x}$ und $g(x) = x^\beta$

$$\begin{array}{ll} f'(x) = \alpha e^{\alpha x} & g'(x) = \beta x^{\beta-1} \\ f''(x) = \alpha^2 e^{\alpha x} & g''(x) = \beta(\beta-1)x^{\beta-2} \\ \vdots & \vdots \\ f^{(m)}(x) = \alpha^m e^{\alpha x} & g^{(m)}(x) = \beta(\beta-1)\cdots(\beta-m+1)x^{\beta-m} \end{array}$$

Nun wählen wir $m \in \mathbb{N}$ so, daß

$$m-1 < \beta \le m$$

gilt. Damit folgt dann zunächst

$$\lim_{x\to\infty} \frac{f^{(m)}}{g^{(m)}} = \frac{\alpha^m}{\beta(\beta-1)\cdots(\beta-m+1)} \lim_{x\to\infty} \left(e^{\alpha x} x^{m-\beta}\right) = \infty,$$

womit schließlich auch

$$\lim_{x\to\infty} \frac{f(x)}{g(x)} = \infty$$

folgt.

Anmerkung: Die Exponentialfunktion wächst schneller als jedes Polynom.

2) Man bestimme $\lim_{x\to\infty} \frac{\ln x}{x^\alpha}$, $\alpha > 0$.

$$\lim_{x\to\infty} \frac{\ln x}{x^\alpha} = \lim_{x\to\infty} \frac{\frac{1}{x}}{\alpha x^{\alpha-1}} = \lim_{x\to\infty} \frac{1}{\alpha x^\alpha} = 0.$$

Anmerkung: Jedes Polynom wächst schneller als die Logarithmusfunktion.

∎

Bemerkung 8.1.14:

Treten Grenzwerte der Form

$$0\cdot\infty, \quad \infty-\infty, \quad 0^0, \quad 1^\infty, \quad \infty^0$$

auf, so können diese auf die Form $\frac{0}{0}$ oder $\frac{\infty}{\infty}$ zurückgeführt werden.

1) Der Fall $0 \cdot \infty$: $\lim\limits_{x \to x_0} f \cdot g = ?$ mit $\lim\limits_{x \to x_0} f(x) = 0$ und $\lim\limits_{x \to x_0} g(x) = \infty$. Man betrachtet

$$f \cdot g = \frac{f}{\frac{1}{g}} \implies \frac{0}{0}.$$

2) Der Fall $\infty - \infty$: $\lim\limits_{x \to x_0}(f - g) = ?$ mit $\lim\limits_{x \to x_0} f(x) = \infty$ und $\lim\limits_{x \to x_0} g(x) = \infty$. Die Umformung

$$f - g = \frac{f - g}{fg\frac{1}{fg}} = \frac{\frac{1}{g} - \frac{1}{f}}{\frac{1}{fg}}$$

liefert auch hier wieder den Fall $\frac{0}{0}$.

3) 0^0, 1^∞, ∞^0 entspricht f^g mit den entsprechenden Grenzwerten von f und g. Die Umformung

$$f^g = e^{g \ln f}$$

und die Stetigkeit der Exponentialfunktion liefern hier

$$\lim_{x \to x_0} f^g = \exp(\lim_{x \to x_0} g \ln f),$$

so daß nur der Grenzwert $\lim\limits_{x \to x_0}(g \ln f)$ zu bestimmen ist. Dieser ist wieder von der Form $0 \cdot \infty$.

∎

Beispiel 8.1.15:

1) Man bestimme $\lim\limits_{x \to \infty} x^{\frac{1}{x}}$.

$f(x) = x$, $g(x) = \frac{1}{x}$ liefert den Fall ∞^0. Wir formen um

$$x^{\frac{1}{x}} = \exp(\frac{1}{x} \ln x).$$

$\lim\limits_{x \to \infty} \dfrac{1}{x} \ln x$ ist von der Form $\frac{\infty}{\infty}$. Mit dem Satz 8.1.11 erhalten wir

$$\lim_{x \to \infty} \frac{\ln x}{x} = \lim_{x \to \infty} \frac{\frac{1}{x}}{1} = 0$$

und damit wegen $\exp(0) = 1$ sofort

$$\lim_{x \to \infty} x^{\frac{1}{x}} = 1.$$

Anmerkung: Wegen der Stetigkeit der Funktion $x^{\frac{1}{x}}$ für $x > 0$ gilt diese Aussage für jede beliebige Folge $x_n \to \infty$, und insbesondere für die Folge $x_n = n$. Dies liefert dann

$$\lim_{n \to \infty} n^{\frac{1}{n}} = \lim_{n \to \infty} \sqrt[n]{n} = 1.$$

2) Man bestimme $\lim_{x\to\infty}(1+\frac{1}{x})^x$.

$f(x) = 1+\frac{1}{x}$, $g(x) = x$ liefert den Fall 1^∞. Wir formen wieder um:

$$(1+\frac{1}{x})^x = \exp(x\ln(1+\frac{1}{x})).$$

$\lim_{x\to\infty} x\ln(1+\frac{1}{x})$ ist von der Form $\boxed{\infty\cdot 0}$. Dann gilt

$$\lim_{x\to\infty} x\ln(1+\frac{1}{x}) = \lim_{x\to\infty}\frac{\ln(1+\frac{1}{x})}{\frac{1}{x}} = \lim_{x\to\infty}\frac{-\frac{1}{x^2}}{-\frac{1}{x^2}(1+\frac{1}{x})} = 1,$$

womit dann

$$\lim_{x\to\infty}(1+\frac{1}{x})^x = \exp(1) = e^1$$

folgt.

<u>Anmerkung:</u> Wieder gilt diese Aussage für alle Folgen $x\to\infty$, und somit insbesondere für $x_n = n$. Damit erhalten wir dann

$$e = \lim_{n\to\infty}(1+\frac{1}{n})^n = e^1 = \sum_{k=0}^{\infty}\frac{1}{k!},$$

womit Satz 7.2.2 Punkt ii) mit Methoden der Differentialrechnung bewiesen ist.

VIII. 2. Taylorformel und Taylorreihe bei Funktionen einer Veränderlichen mit Anwendungen

Wir betrachten in diesem Abschnitt in gewisser Weise eine Verallgemeinerung des Ableitungsbegriffs, indem wir Funktionen wieder durch einfachere Funktionen möglichst gut annähern wollen. Z. B. verwenden wir Polynome $T_n(x)$ und erhalten

$$f(x) = T_n(x) + R_n(x),$$

wobei R_n ein $\boxed{\text{Restglied}}$ bedeutet. $T_n(x)$ ist so zu wählen, daß der $\boxed{\text{Fehler}}$ möglichst klein wird.

Satz 8.2.1 (Taylorformel):

Seien $n \in \mathbb{N}$ und $f : [a, b] \to \mathbb{R}$ $(n+1)$-fach differenzierbar. Dann gibt es für $x, x_0 \in [a, b]$ ein ξ zwischen x und x_0, sodaß

$$f(x) = \overbrace{f(x_0) + f'(x_0)(x - x_0) + \frac{f''(x_0)}{2!}(x - x_0)^2 + \cdots + \frac{f^{(n)}(x_0)}{n!}(x - x_0)^n}^{:=T_n(x,x_0) \quad \text{Taylorpolynom } n\text{-ten Grades}} + \underbrace{R_n(x, x_0)}_{\text{Lagrangesches Restglied}}$$

mit $\boxed{R_n(x, x_0) = \frac{f^{(n+1)}(\xi)}{(n+1)!}(x - x_0)^{n+1}}$ gilt.

Beweis:

Für ein festes $x \in [a, b]$ betrachten wir die Funktion

$$g(t) = f(x) - f(t) - \frac{f'(t)}{1!}(x - t) - \cdots - \frac{f^{(n)}(t)}{n!}(x - t)^n.$$

Für $t \in [a, b]$ ist $g(t)$ differenzierbar und es gilt $g(x) = 0$. Dann ist die Funktion

$$G(t) := g(t) - g(x_0)\frac{(x - t)^{n+1}}{(x - x_0)^{n+1}}$$

differenzierbar für $t \in [a, b]$ mit $G(x) = 0$ und $G(x_0) = 0$. Mit dem Satz von Rolle existiert ein ξ zwischen x und x_0, so daß

$$G'(\xi) = g'(\xi) + \frac{g(x_0)}{(x - x_0)^{n+1}}(n + 1)(x - \xi)^n = 0.$$

Dies liefert dann mit

$$\begin{aligned} g'(\xi) &= -f'(\xi) - f''(\xi)(x-\xi) - \cdots - \frac{f^{(n)}(\xi)}{(n-1)!}(x-\xi)^{n-1} - \frac{f^{(n+1)}(\xi)}{n!}(x-\xi)^n \\ &\quad + f'(\xi) + f''(\xi)(x-\xi) + \cdots + \frac{f^{(n)}(\xi)}{(n-1)!}(x-\xi)^{n-1} \\ &= -\frac{f^{(n+1)}(\xi)}{n!}(x-\xi)^n \end{aligned}$$

sofort

$$g(x_0) = \frac{(x-x_0)^{n+1}}{(n+1)(x-\xi)^n} \frac{f^{(n+1)}(\xi)(x-\xi)^n}{n!} = \frac{f^{(n+1)}(\xi)}{(n+1)!}(x-x_0)^{n+1}.$$

Andererseits ist nach Definition von $g(t)$: $g(x_0) = R_n(x, x_0)$. Daraus folgt die Behauptung.

▮

Bemerkung 8.2.2:

Die genaue Position von ξ ist nicht bekannt. Die Existenz folgt im Beweis mit dem Satz von Rolle. Jedenfalls gilt immer: $\xi \in [a, b]$. Dies kann man benutzen, um den Fehler $|R_n|$ grob abzuschätzen. Relevante Fragen sind:

1) Es sei n vorgegeben. Wie groß ist der Fehler $|R_n|$ maximal ?

2) Es sei der Fehler („Toleranz") vorgegeben. Wie groß muß man n wählen, damit das Taylorpolynom $T_n(x, x_0)$ die Funktion $f(x)$ innerhalb der Toleranzgrenze approximiert?

▮

Beispiel 8.2.3:

Man berechne das Taylorpolynom 4. Grades für $f(x) = \sin x$ in $x_0 = 0$ und bestimme das Restglied. Eine Fehlerabschätzung in $[-1, 1]$ soll durch Abschätzung des Restgliedes gegeben werden.

$f(x) = \sin x$	$f(0) = 0$	
$f'(x) = \cos x$	$f'(0) = 1$	
$f''(x) = -\sin x$	$f''(0) = 0$	$T_4(x) = x - \frac{x^3}{3!}$
$f^{(3)}(x) = -\cos x$	$f^{(3)}(0) = -1$	
$f^{(4)}(x) = \sin x$	$f^{(4)}(0) = 0$	$R_4(x) = \frac{\cos\xi}{5!}x^5$
$f^{(5)}(x) = \cos x$		

Damit erhalten wir

$$|\sin x - T_4(x)| = |R_4(x)|$$

und mit $|\cos\xi| \leq 1$ und $|x| \leq 1$ die Abschätzung

$$|R_4(x)| \leq \frac{1}{5!} = \frac{1}{120}.$$

D. h. für $x \in [-1, 1]$ ist bis auf einen Fehler, der kleiner als $\frac{1}{120}$ ist, $\sin x$ durch $x - \frac{x^3}{3!}$ zu approximieren. Also gilt für $|x| \leq 1$

$$\sin x = x - \frac{x^3}{3!} + \delta, \qquad |\delta| < \frac{1}{120}.$$

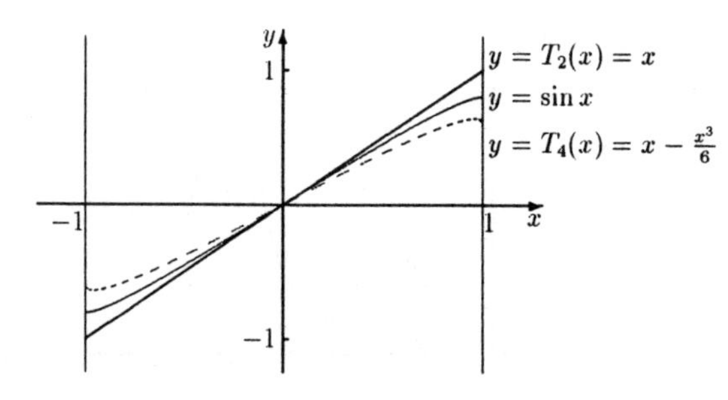

[Fig. 8. 3]

∎

Mit Hilfe der Taylorformel ist es nun möglich, Aussagen über Extremstellen von Funktionen zu machen. Zunächst die Definition.

Definition 8.2.4:

Es sei $A \subset \mathbb{R}$ und $f : A \to \mathbb{R}$.

1) f besitzt in $x_0 \in A$ ein lokales Maximum oder relatives Maximum (lokales Minimum oder relatives Minimum), falls es ein $\delta > 0$ gibt, so daß für alle $x \in A \cap \{x \mid |x - x_0| < \delta\}$

$$f(x) \leq f(x_0) \quad (f(x) \geq f(x_0))$$

gilt.

2) $f(x_0)$ heißt **globales Maximum** oder **absolutes Maximum** (**globales Minimum** oder **absolutes Minimum**), wenn für alle $x \in A$

$$f(x) \leq f(x_0) \quad (f(x) \geq f(x_0))$$

gilt.

∎

Der folgende Graph zeigt, daß die dargestellte Funktion in x_1, x_3, x_5 ein relatives Minimum und in a, x_2, x_4, b ein relatives Maximum besitzt. Das absolute Minimum wird in x_3 und das absolute Maximum in b angenommen.

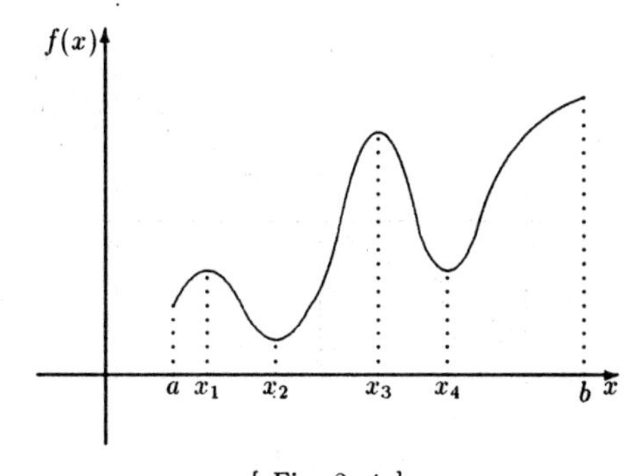

[Fig. 8. 4]

Für das Auffinden relativer Maxima oder Minima ist die folgende notwendige Bedingung sehr hilfreich.

Satz 8.2.5:

Es sei $I \subseteq \mathbb{R}$ ein offenes Intervall und $f : I \to \mathbb{R}$ differenzierbar in $x_0 \in I$. Hat f in x_0 ein relatives Maximum oder ein relatives Minimum, so gilt $f'(x_0) = 0$.

Beweis:

Angenommen x_0 ist ein relatives Maximum, dann gibt es ein $\delta > 0$, so daß gilt

$$f(x) \leq f(x_0), \quad \text{für alle } x \text{ mit } |x - x_0| < \delta.$$

Dann ist

$$\frac{f(x)-f(x_0)}{x-x_0}\begin{cases}\leq 0 & \text{falls } x > x_0\\ \geq 0 & \text{falls } x < x_0\end{cases},$$

womit $f'(x_0) = 0$ bei Grenzübergang $x \to x_0$ folgt.

∎

Bemerkung 8.2.6:

Nicht in jedem Punkt x_0 mit $f'(x_0) = 0$ liegt unbedingt ein relatives Maximum oder Minimum vor. Z. B. gilt für $f(x) = x^3$ in $x_0 = 0$ $f'(0) = 0$, jedoch ist x^3 streng monoton steigend.

∎

Ist die Funktion genügend oft differenzierbar, so kann man genauere Kriterien über relative Maxima bzw. relative Minima erhalten. Es gilt

Satz 8.2.7:

Es sei f in einem offenen Intervall I mindestens $2k$-fach ($k \in \mathbb{N}$) stetig differenzierbar. Gilt für $x_0 \in I$ außerdem $f^{(n)}(x_0) = 0$ für $n = 1, 2, ..., 2k-1$ und $f^{(2k)}(x_0) \neq 0$, dann hat f in x_0 ein relatives Maximum (relatives Minimum) genau dann, falls $f^{(2k)}(x_0) < 0$ ($f^{(2k)}(x_0) > 0$).

Beweis:

Unter den angegebenen Voraussetzungen liefert die Taylorformel

$$f(x) - f(x_0) = \frac{f^{(2k)}(\xi)}{(2k)!}(x-x_0)^{2k}, \quad \text{mit einem } \xi \text{ zwischen } x_0 \text{ und } x.$$

Mit der Stetigkeit von $f^{(2k)}$ folgt, daß $f^{(2k)}(\xi)$ in einer Umgebung von x_0 dasselbe Vorzeichen wie $f^{(2k)}(x_0)$ hat. Da $\frac{(x-x_0)^{2k}}{(2k)!} \geq 0$ ist, gilt somit für alle x in einer Umgebung von x_0 $f(x) - f(x_0) \geq 0$ im Falle $f^{(2k)}(x_0) > 0$ sowie $f(x) - f(x_0) \leq 0$ im Falle $f^{(2k)} < 0$, woraus die Behauptung folgt.

∎

Bemerkung 8.2.8:

Gilt $f^{(n)}(x_0) = 0$ für $n = 1, 2, \cdots, 2k$ und $f^{(2k+1)}(x_0) \neq 0$, so kann in x_0 kein relatives Maximum oder relatives Minimum auftreten.

Beweis:

Ist z. B. $f^{(2k+1)}(x_0) > 0$, so ist wegen $f^{(2k)}(x_0) = 0$: $\frac{f^{(2k)}(\xi)}{\xi - x_0} \approx f^{(2k+1)}(x_0) > 0$. Damit ist

$$f(x) - f(x_0) = \frac{f^{(2k)}(\xi)}{(2k)!}(x - x_0)^{2k}$$

für $x > x_0$ positiv und für $x < x_0$ negativ, also liegt kein Extremum vor.

∎

Beispiel 8.2.9:

1) $f(x) = (x-3)^4$

   $f'(x) = 4(x-3)^3$ liefert als mögliche Stelle eines relativen Extremwertes $x_0 = 3$.

$f''(x) = 12(x-3)^2$	$f''(3) = 0$
$f^{(3)}(x) = 24(x-3)$	$f^{(3)}(3) = 0$
$f^{(4)}(x) = 24$	$f^{(4)}(3) = 24 > 0$

   Damit liegt in $x_0 = 3$ ein relatives Minimum vor.

2) $f(x) = (x-3)^3$

$f'(x) = 3(x-3)^2$	$f'(x) = 0 \Longrightarrow x_0 = 3$
$f''(x) = 6(x-3)$	$f''(3) = 0$
$f^{(3)}(x) = 6$	$f^{(3)}(3) \neq 0$

   Also besitzt f kein relatives Maximum oder Minimum.

∎

Abschließend geben wir noch den Übergang von der Taylorformel zur Taylorreihe (Potenzreihe) einer Funktion an.

Satz 8.2.10:

Es sei f in (a,b) beliebig oft differenzierbar. Existiert zu $x_0 \in (a,b)$ ein $\delta > 0$ mit $(x_0 - \delta, x_0 + \delta) \subset (a,b)$, so daß für jedes x mit $|x - x_0| < \delta$ $\lim_{n\to\infty} R_n(x) = 0$ gilt, dann konvergiert die Taylorreihe

$$\sum_{k=0}^{\infty} \frac{f^{(k)}(x_0)}{k!}(x - x_0)^k$$

für jedes x mit $|x - x_0| < \delta$ und es gilt

$$f(x) = \sum_{k=0}^{\infty} \frac{f^{(k)}(x_0)}{k!}(x - x_0)^k.$$

Beweis:

Es sei $x \in (x_0 - \delta, x_0 + \delta)$, dann gilt

$$\left| f(x) - \sum_{k=0}^{n} \frac{f^{(k)}(x_0)}{k!}(x - x_0)^k \right| = |R_n(x)| < \varepsilon,$$

falls $n > N_\varepsilon$ gewählt wurde.

∎

Beispiel 8.2.11:

Man bestimme die Taylorreihe bezüglich $x_0 = 0$ von $(1 + x)^\alpha$.

Lösung:

$$\begin{aligned}
f(x) &= (1+x)^\alpha & f(0) &= 1 \\
f'(x) &= \alpha(1+x)^{\alpha-1} & f'(0) &= \alpha \\
f''(x) &= \alpha(\alpha-1)(1+x)^{\alpha-2} & f''(0) &= \alpha(\alpha-1) \\
&\vdots & &\vdots \\
f^{(k)}(x) &= \alpha\cdots(\alpha-k+1)(1+x)^{\alpha-k} & f^{(k)}(0) &= \alpha(\alpha-1)\cdots(\alpha-k+1).
\end{aligned}$$

Damit erhalten wir zunächst

$$(1+x)^\alpha = \sum_{k=0}^{n} \underbrace{\frac{\alpha(\alpha-1)\cdots(\alpha-k+1)}{k!}}_{=: \binom{\alpha}{k}} x^k + R_n(x)$$

mit

$$R_n(x) = \frac{\alpha(\alpha-1)\cdots(\alpha-n)}{(n+1)!}(1+\xi)^{\alpha-n-1}x^{n+1}.$$

Ist $m = \alpha \in \mathbb{N}_0$, so sind alle Koeffizienten mit $k > m$ gleich Null und wir erhalten die binomische Formel

$$(1+x)^m = \sum_{k=0}^{m} \binom{m}{k} x^k.$$

Ist nun $\alpha \notin \mathbb{N}_0$, so wird kein Koeffizient Null. Wir betrachten im folgenden das Restglied R_n. Der Koeffizient

$$C_n := \binom{\alpha}{n+1} = \frac{\alpha(\alpha-1)\cdots(\alpha-n)}{(n+1)!} = \frac{\alpha}{1}\,\frac{\alpha-1}{2}\cdots\frac{\alpha-n}{n+1}$$

setzt sich aus $n+1$ Faktoren der Form

$$\frac{\alpha - j}{j+1}, \quad j = 0, 1, ..., n$$

zusammen. Für diese gilt

$$|\frac{\alpha - j}{j+1}| \longrightarrow 1 \quad \text{für } j \to \infty,$$

womit für $\varepsilon > 0$ ein N_ε existiert, so daß

$$|\frac{\alpha - j}{j+1}| < 1 + \varepsilon, \quad \text{falls } j > N_\varepsilon.$$

Setzen wir nun $|C_{N_\varepsilon}| = C$, so gilt

$$|C_n| \leq C(1+\varepsilon)^{n+1}, \quad \text{für } n > N_\varepsilon.$$

Ist $n+1 > \alpha$ und $0 \leq \xi < x$, so gilt außerdem

$$|1+\xi|^{\alpha-n-1} = \frac{1}{|1+\xi|^{n-\alpha+1}} \leq 1.$$

Beide Abschätzungen zusammen ergeben dann

$$|R_n(x)| \leq C\,[(1+\varepsilon)x]^{n+1},$$

woraus $R_n(x) \to 0$ folgt, falls $(1+\varepsilon)x < 1$, bzw. $x < \dfrac{1}{1+\varepsilon}$ gilt. Da ε beliebig klein gewählt werden kann, gilt dies für alle $x \in [0,1)$. Damit erhalten wir

$$(1+x)^\alpha = \sum_{k=0}^{\infty} \frac{\alpha(\alpha-1)\cdots(\alpha-k+1)}{k!} x^k, \quad x \in [0,1).$$

Diese Reihe konvergiert, wie man sich leicht überlegt, für $|x| < 1$. Jedoch bereitet die Restgliedabschätzung für negative x-Werte größere Schwierigkeiten.

VIII. 3. Kurvendiskussion

In disem Abschnitt wollen wir ein Programm angeben, welches die Bestimmung des Graphen einer Funktion (wenigstens qualitativ) erleichtern soll. Dabei kann man folgendermaßen vorgehen.

(I): Bestimmung des Definitionsbereiches.

(II): Bestimmung der Nullstellen. Dies sind die Schnittpunkte des Graphen mit der x-Achse.

(III): Bestimmung von Unstetigkeitsstellen bzw. der Grenzwerte der Funktion (falls möglich), wenn man gegen Randpunkte des Definitionsbereiches geht.

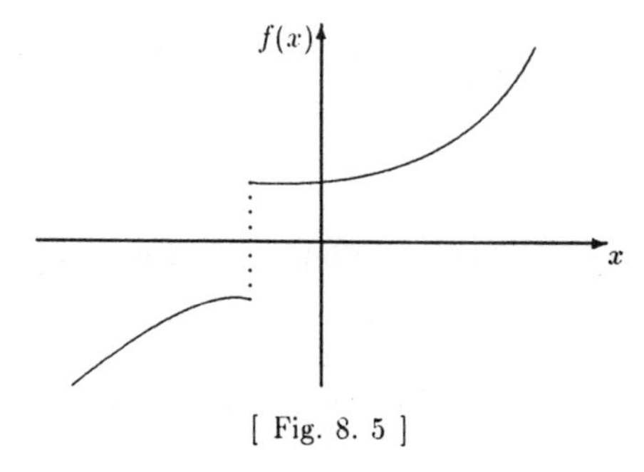

[Fig. 8. 5]

(IV): Bestimmung der Ableitung in den Randpunkten (falls möglich).

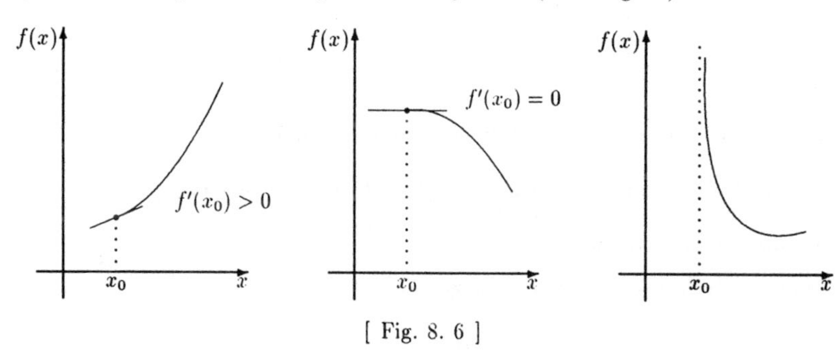

[Fig. 8. 6]

Ist die Bestimmung einer Ableitung nicht möglich, so kann man versuchen, die Asymptote zu bestimmen.

Definition 8.3.1:

Es sei f eine auf (a, ∞) oder $(-\infty, b)$ definierte Funktion.

1) Die Funktion

$$g(x) = \alpha x + \beta, \quad \alpha, \beta \in \mathbb{R}$$

heißt Asymptote von f für $x \to \infty$ oder $x \to -\infty$, wenn

$$\lim_{x \to +\infty} (f(x) - g(x)) = 0 \quad \text{oder} \quad \lim_{x \to -\infty} (f(x) - g(x)) = 0$$

gilt.

2) f besitzt in x_0 eine senkrechte Asymptote, falls f in x_0 einen uneigentlichen rechts- oder linksseitigen Grenzwert besitzt.

∎

Zur Berechnung von Asymptoten unter 1) geben wir den folgenden Satz an.

Satz 8.3.2:

Die Funktion f besitzt in $\pm\infty$ genau dann die Asymptote $g(x) = \alpha x + \beta$, wenn

1) $\lim\limits_{x \to \pm\infty} \frac{f(x)}{x} = \alpha,$

2) $\lim\limits_{x \to \pm\infty} (f(x) - \alpha x) = \beta$

gilt.

Beweis:

Existieren die Grenzwerte 1) und 2) mit $x \to +\infty$, so gilt

$$\lim_{x \to \infty} (f(x) - \alpha x - \beta) = \lim_{x \to \infty} (f(x) - \alpha x) - \beta = 0,$$

also ist $\alpha x + \beta$ die Asymptote.

Ist umgekehrt $\alpha x + \beta$ Asymptote, so gilt

$$\lim_{x \to \infty} (f(x) - \alpha x) = \beta$$

und außerdem

$$\lim_{x\to\infty} \frac{f(x) - \alpha x}{x} = 0,$$

woraus 1) folgt.

∎

Beispiel 8.3.3:

Man bestimme die Asymptote von $f(x) = 2x + \frac{1}{x} + 3, \quad x \neq 0.$

Lösung:

Man betrachtet

$$\lim_{x\to\pm\infty} \frac{f(x)}{x} = 2, \qquad \lim_{x\to\pm\infty} f(x) - 2x = 3.$$

Also ist die Asymptote in $\pm\infty$ $y = 2x + 3$.

Desweiteren existiert eine senkrechte Asymptote in $x_0 = 0$, da $\lim_{x\to 0+} f(x) = \infty$ und $\lim_{x\to 0-} f(x) = -\infty$.

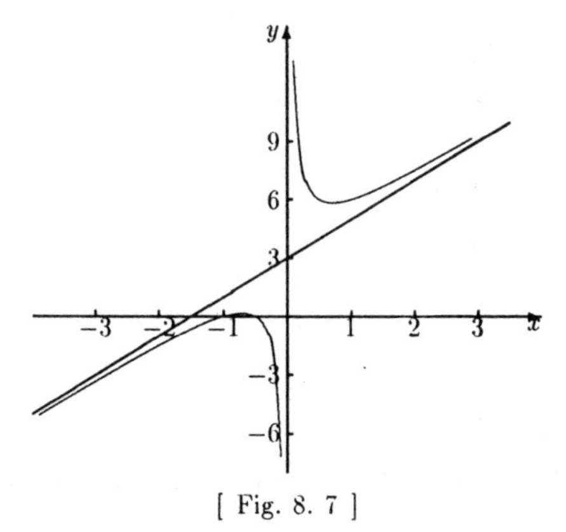

[Fig. 8. 7]

(V): Eine weitere Information über den qualitativen Verlauf des Graphen liefern die relativen Extremwerte. Diese sind (nach Satz 8.2.5) in der Nullstellenmenge von $f'(x)$ enthalten.

Satz 8.2.7 gestattet dann zusammen mit der Bemerkung 8.2.8 eine genauere Beurteilung dieser Punkte.

Man überlegt sich auch, daß zwischen zwei benachbarten Extremstellen die Funktion monoton verläuft, und zwar sogar streng monoton, falls $f'(x) > 0$ oder $f'(x) < 0$ gilt.

(VI): Wendepunkte:

Manchmal sind auch noch die Punkte von Interesse, in denen die Tangente eine maximale oder minimale Steigung besitzt.

Definition 8.3.4:

Es sei $f : (a,b) \to I\!R$ differenzierbar und $x_0 \in (a,b)$. Dann heißt x_0 **Wendepunkt von f**, wenn f' in x_0 ein relatives Maximum oder ein relatives Minimum besitzt.

∎

Beispiel 8.3.5:

$f(x) = (x-3)^3$ besitzt in $x_0 = 3$ einen Wendepunkt.

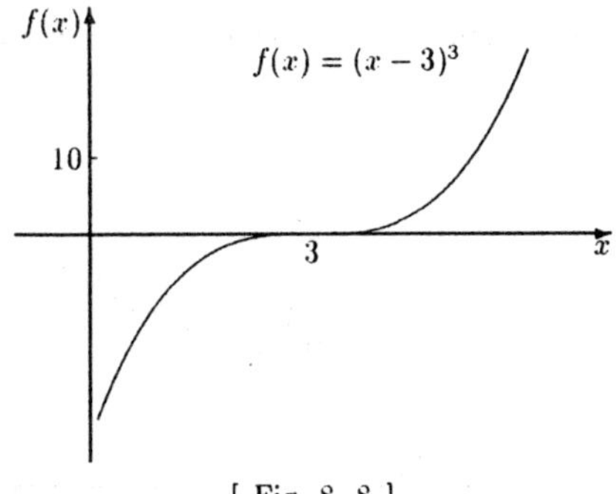

[Fig. 8. 8]

(VII): Bestimmung der Monotonieintervalle .

Ein einheitliches Monotonieverhalten liegt wegen Satz 8.1.6 zwischen den Nullstellen von f' vor.

(VIII): Konvexitätsbereiche /Konkavitätsbereiche:

Definition 8.3.6:

Eine Funktion $f : [a,b] \longrightarrow I\!R$ heißt **konvex** auf $[a,b]$, wenn für alle $x,y \in [a,b]$ und beliebiges $\lambda \in (0,1)$ gilt

$$f[(1-\lambda)x + \lambda y] \leq (1-\lambda)f(x) + \lambda f(y).$$

f heißt **konkav**, falls $-f$ konvex ist.

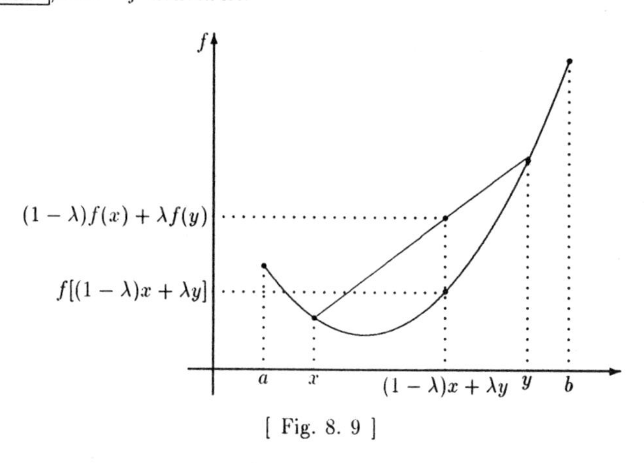

[Fig. 8. 9]

∎

Satz 8.3.7:

Eine Funktion $f : [a,b] \longrightarrow \mathbb{R}$ ist genau dann konvex, wenn für alle x, y, $z \in [a,b]$ mit $x < z < y$ gilt

$$\frac{f(z)-f(x)}{z-x} \leq \frac{f(y)-f(z)}{y-z}.$$

Beweis:

Man betrachtet:

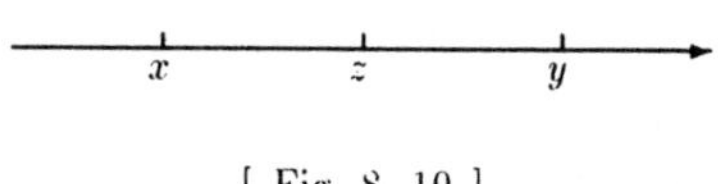

[Fig. 8. 10]

Mit $x < z < y$ gilt

$$z = (1-\lambda)x + \lambda y,$$

wobei $\lambda = \dfrac{z-x}{y-x}$ und $1-\lambda = \dfrac{y-z}{y-x}$ sind.

1) Es sei f konvex, dann gilt

$$f(z) \leq \frac{y-z}{y-x} f(x) + \frac{z-x}{y-x} f(y),$$

daraus folgt

$$(y-x)f(z) \leq (y-z)f(x) + (z-x)f(y)$$

und

$$(y-z)[f(z) - f(x)] \leq (z-x)[f(y) - f(z)].$$

Also gilt

$$\frac{f(z) - f(x)}{z-x} \leq \frac{f(y) - f(z)}{y-z}.$$

2) Es seien $x, y \in [a,b]$ mit $x < y$ und $\lambda \in (0,1)$. Setzen wir

$$z = x + \lambda(y-x),$$

dann sind $z = (1-\lambda)x + \lambda y$ und $x < z < y$. Nach der Voraussetzung gilt

$$\frac{f(z) - f(x)}{z-x} \leq \frac{f(y) - f(z)}{y-z}.$$

Wegen $z - x = \lambda(y-x)$ und $y - z = y - [x + \lambda(y-x)] = (1-\lambda)(y-x)$ erhalten wir

$$(1-\lambda)[f(z) - f(x)] \leq \lambda[f(y) - f(z)],$$

daraus folgt

$$f(z) \leq (1-\lambda)f(x) + \lambda f(y),$$

d. h. $f[(1-\lambda)x + \lambda y] \leq (1-\lambda)f(x) + \lambda f(y)$. Nach Definition 8.3.5 ist f konvex.

∎

Satz 8.3.8 (Konvexitätskriterium):

Ist $f : [a,b] \to \mathbb{R}$ differenzierbar und f' monoton steigend auf $[a,b]$, dann ist f konvex auf $[a,b]$.

Beweis:

Seien $x_1, x_2, x_3 \in [a,b]$ mit $x_1 < x_2 < x_3$. Dann gilt für ein $\xi_1 \in [x_1, x_2]$

$$\frac{f(x_2) - f(x_1)}{x_2 - x_1} = f'(\xi_1)$$

bzw. für ein $\xi_2 \in [x_2, x_3]$

$$\frac{f(x_3) - f(x_2)}{x_3 - x_2} = f'(\xi_2),$$

und es gilt wegen $\xi_1 < \xi_2$ demnach $f'(\xi_1) \leq f'(\xi_2)$, womit die Konvexität von f folgt.

∎

VIII. 4. Der Satz von Taylor bei Funktionen mehrerer Veränderlicher. Anwendungen auf Extremwertaufgaben

Wir wollen hier Funktionen $f : A \to \mathbb{R}$, $A \subset \mathbb{R}^n$, entsprechend der eindimensionalen Taylorformel durch geeignete Taylorpolynome approximieren und den Fehler abschätzen. Insbesondere beschäftigen wir uns mit dem schreibtechnisch einfacheren Fall $n = 2$.

Satz 8.4.1 (Taylor):

Es sei $I = I_1 \times I_2 \times \cdots \times I_n$ mit den offenen Intervallen $I_j = (a_j, b_j)$, $j = 1, 2, \cdots, n$, sowie $\underline{x}_0 = (x_1^0, \cdots, x_n^0)^T \in I$ und $f : I \to \mathbb{R}$ $(k+1)$-fach stetig partiell differenzierbar. Dann gibt es ein $\mu \in [0,1]$, so daß

$$f(\underline{x}) = f(\underline{x}_0) + (\underline{x} - \underline{x}_0) \cdot \nabla f|_{\underline{x}_0} + \frac{1}{2!}[(\underline{x} - \underline{x}_0) \cdot \nabla]^2 f|_{\underline{x}_0} + \cdots + \frac{1}{k!}[(\underline{x} - \underline{x}_0) \cdot \nabla]^k f|_{\underline{x}_0}$$
$$+ \frac{1}{(k+1)!}[(\underline{x} - \underline{x}_0) \cdot \nabla]^{k+1} f|_{\underline{x}_0 + \mu(\underline{x} - \underline{x}_0)},$$

dabei wirkt ∇ nur auf f und nicht auf $\underline{x} - \underline{x}_0$.

Beweis:

Wir betrachten hilfsweise die Funktion

$$F(t) = f(\underline{x}_0 + t(\underline{x} - \underline{x}_0)), \quad t \in [0,1].$$

Diese ist wohldefiniert, da alle Punkte $\underline{x}_0 + t(\underline{x} - \underline{x}_0) \in I$ sind. Außerdem gilt

$$F(0) = f(\underline{x}_0), \quad F(1) = f(\underline{x})$$

und F ist $(k+1)$-fach differenzierbar.

Mit der eindimensionalen Taylorformel gilt

$$F(t) = F(0) + F'(0)t + \frac{f''(0)}{2!}t^2 + \cdots + \frac{F^{(k)}(0)}{k!}t^k + \frac{F^{(k+1)}(\mu)}{(k+1)!}t^{k+1}, \quad \mu \in [0,1].$$

Nun sind noch die Ableitungen $F^{(j)}$ durch Ableitungen von f auszudrücken. Hierzu benötigen wir die Kettenregel aus Satz 6.2.20 in dem danach in Beispiel 6.2.22 angegebenen Spezialfall:

$$F'(t)|_{t=0} = [f_{x_1} \cdot (x_1 - x_1^0) + \cdots + f_{x_n} \cdot (x_n - x_n^0)]|_{t=0} = (\underline{x} - \underline{x}_0) \cdot \nabla f|_{\underline{x}_0},$$

$$\begin{aligned}
F''(t) &= (x_1 - x_1^0)[f_{x_1x_1} \cdot (x_1 - x_1^0) + f_{x_1x_2} \cdot (x_2 - x_2^0) + \cdots + f_{x_1x_n} \cdot (x_n - x_n^0)] \\
&+ \cdots \\
&\vdots \\
&+ (x_n - x_n^0)[f_{x_nx_1} \cdot (x_1 - x_1^0) + f_{x_nx_2} \cdot (x_2 - x_2^0) + \cdots + f_{x_nx_n} \cdot (x_n - x_n^0)] \\
&= (x_1 - x_1^0)(\underline{x} - \underline{x}_0) \cdot \nabla f_{x_1} + \cdots + (x_n - x_n^0)(\underline{x} - \underline{x}_0) \cdot \nabla f_{x_n} \\
&= (\underline{x} - \underline{x}_0) \cdot \nabla(\underline{x} - \underline{x}_0) \cdot \nabla f
\end{aligned}$$

$$\begin{aligned}
F''(0) &= [(\underline{x} - \underline{x}_0) \cdot \nabla]^2 f|_{\underline{x}_0} \\
&= (\underline{x} - \underline{x}_0)^T \begin{pmatrix} f_{x_1x_1} & f_{x_1x_2} & \cdots & f_{x_1x_n} \\ f_{x_2x_1} & f_{x_2x_2} & \cdots & f_{x_2x_n} \\ \cdots & \cdots & \cdots & \cdots \\ f_{x_nx_1} & f_{x_nx_2} & \cdots & f_{x_nx_n} \end{pmatrix}_{|\underline{x}_0} (\underline{x} - \underline{x}_0) \\
&= (\underline{x} - \underline{x}_0)^T D^2 f|_{\underline{x}_0} (\underline{x} - \underline{x}_0).
\end{aligned}$$

Durch Induktion ergibt sich noch

$$F^{(k)}(0) = [(\underline{x} - \underline{x}_0) \cdot \nabla]^k f|_{\underline{x}_0}.$$

Nun wollen wir einige Glieder für $n = 2$ ausrechnen. Dazu setzen wir abkürzend

$$\underline{x} - \underline{x}_0 = \underline{h} = \begin{pmatrix} h_1 \\ h_2 \end{pmatrix}.$$

Dann erhalten wir die Darstellungen

$$(\underline{x} - \underline{x}_0) \cdot \nabla f|_{\underline{x}_0} = \begin{pmatrix} h_1 \\ h_2 \end{pmatrix} \cdot \begin{pmatrix} f_x \\ f_y \end{pmatrix} = h_1 f_x(\underline{x}_0) + h_2 f_y(\underline{x}_0),$$

$$\begin{aligned}
\frac{1}{2!}[(\underline{x} - \underline{x}_0) \cdot \nabla]^2 f|_{\underline{x}_0} &= \frac{1}{2!}(\underline{x} - \underline{x}_0) \cdot \nabla[h_1 f_x(\underline{x}_0) + h_2 f_y(\underline{x}_0)] \\
&= \frac{1}{2!}\begin{pmatrix} h_1 \\ h_2 \end{pmatrix} \cdot \begin{pmatrix} h_1 f_{xx} + h_2 f_{yx} \\ h_1 f_{xy} + h_2 f_{yy} \end{pmatrix}_{|\underline{x}_0} \\
&= \frac{1}{2!}[h_1^2 f_{xx} + h_1 h_2 f_{yx} + h_2 h_1 f_{xy} + h_2^2 f_{yy}] \\
&= \frac{1}{2!}(h_1, h_2) \underbrace{\begin{pmatrix} f_{xx} & f_{xy} \\ f_{xy} & f_{yy} \end{pmatrix}}_{D^2 f(\underline{x}_0)} \begin{pmatrix} h_1 \\ h_2 \end{pmatrix}.
\end{aligned}$$

Im allgemeinen erkennt man, daß für

$$\frac{1}{k!}[(\underline{x} - \underline{x}_0) \cdot \nabla]^k f|_{\underline{x}_0}$$

mit $\underline{x} - \underline{x}_0 = \underline{h} = (h_1, \cdots, h_n)^T$ die Darstellung

$$\underbrace{\frac{1}{k!} \sum_{j_1,\cdots,j_k}^{n} \frac{\partial^k f}{\partial x_{j_1} \cdots \partial x_{j_k}} h_{j_1} \cdots h_{j_k}}_{n^k \text{ Summanden}}$$

gilt, wobei $j_1, \cdots, j_k \in \{1, 2, \cdots, n\}$.

Das Restglied

$$R_k = \frac{1}{(k+1)!} [\underline{h} \cdot \nabla]^{k+1} f|_{\underline{x}_0 + \mu \underline{h}}, \qquad \mu \in (0,1)$$

kann wie folgt abgeschätzt werden.

$$|R_k| = \frac{1}{(k+1)!} \left| \sum_{j_1,\cdots,j_{k+1}=1}^{n} \frac{\partial^{k+1} f(\underline{x}_0 + \mu \underline{h})}{\partial x_{j_1} \cdots \partial x_{k+1}} h_{j_1} \cdots h_{j_{k+1}} \right|.$$

Sei zunächst der <u>Entwicklungswürfel</u> W durch $|h_j| < r, \ j = 1, \cdots, n$, gegeben. Dann gibt es eine Konstante $M \in \mathbb{R}$ mit

$$\left| \frac{\partial^{k+1} f(\underline{x})}{\partial x_{j_1} \cdots \partial x_{j_{k+1}}} \right| \leq M, \quad \text{für alle } \underline{x} \in W \text{ und alle } j_1, \cdots, j_{k+1} \in \{1, 2, \cdots, n\}.$$

Damit erhält man

$$\begin{aligned} |R_k| &\leq \frac{1}{(k+1)!} M \sum_{j_1,\cdots,j_{k+1}=1}^{n} |h_{j_1}| \cdots |h_{j_{k+1}}| \leq \frac{M}{(k+1)!} \underbrace{\sum_{j_1,\cdots,j_{k+1}=1}^{n} r^{k+1}}_{n^{k+1} \text{ Summanden}} \\ &= \frac{M r^{k+1}}{(k+1)!} n^{k+1}. \end{aligned}$$

Dies ist eine grobe, aber für unsere Zwecke ausreichende Abschätzung.

∎

Wir wollen die Taylorformel wieder zur Untersuchung der Extremstellen von Funktionen mehrerer Veränderlicher benutzen.

<u>Definition 8.4.2:</u>

Es seien $A \subset \mathbb{R}^n$ und $f : A \to \mathbb{R}$, $\underline{x}_0 \in A$. f besitzt in $\underline{x}_0$ ein lokales Maximum oder relatives Maximum (strenges lokales Maximum oder strenges lokales Maximum), falls ein $\delta > 0$ existiert, so daß

$$\begin{aligned} f(\underline{x}_0) &\geq f(\underline{x}), \quad \forall \underline{x} \in A \cap \{\underline{x} \,|\, |\underline{x} - \underline{x}_0| < \delta\} \\ (\, f(\underline{x}_0) &> f(\underline{x}), \quad \forall \underline{x} \in A \cap \{\underline{x} \,|\, |\underline{x} - \underline{x}_0| < \delta\}\,) \end{aligned}$$

gilt.

$f(\underline{x}_0)$ heißt **globales Maximum** oder **absolutes Maximum** (**strenges globales Maximum** oder **strenges absolutes Maximum**) von f, falls gilt

$$f(\underline{x}_0) \geq f(\underline{x}), \quad \forall \underline{x} \in A$$
$$(f(\underline{x}_0) > f(\underline{x}), \quad \forall \underline{x} \in A).$$

$f(\underline{x}_0)$ heißt ein entsprechendes Minimum von f, wenn $-f$ in $\underline{x}_0$ ein entsprechendes Maximum besitzt.

∎

Über die möglichen Lagen von relativen Extremstellen gibt zunächst wieder eine notwendige Bedingung Auskunft.

Satz 8.4.3:

Es seien $A \subseteq \mathbb{R}^n$, $f : A \to \mathbb{R}$, f in dem inneren Punkt $\underline{x}_0 \in A$ partiell differenzierbar und $f(\underline{x}_0)$ ein relatives Extremum (Max. oder Min.), dann gilt

$$Df(\underline{x}_0) = 0 \qquad (\text{D. h. } f_{x_1} = f_{x_2} = \cdots = f_{x_n} = 0).$$

Der Beweis verläuft analog zum eindimensionalen Fall.

∎

Bemerkung 8.4.4:

Gilt in einem Punkt $Df(\underline{x}_0) = 0$, so kann man daraus nicht auf ein Extremum schließen. Dazu betrachte man beispielsweise die Fläche:

$$f(x, y) = x^2 - y^2.$$

$$f_x = 2x, \quad f_y = 2y, \quad f_x(0,0) = f_y(0,0) = 0.$$

Aber $(0,0)$ ist ein Sattelpunkt, kein relatives Extremum.

Beweis:

Für kleine $x > 0$ und $y < 0$ gilt $f(x, y) > 0$ falls $|x| > |y|$ und $f(x, y) < 0$ falls $|x| < |y|$. Also nimmt f in jeder Umgebung von $(0,0)$ positive und negative Werte an, $f(0,0) = 0$ kann also kein Extremwert sein.

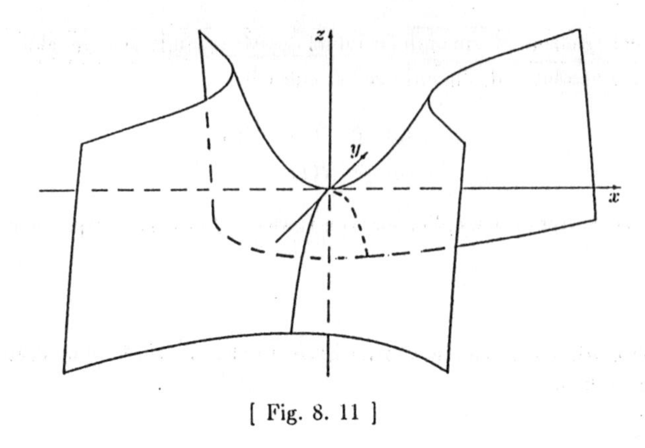

[Fig. 8. 11]

∎

Mit Hilfe der Taylorformel werden wir auch hier wieder Kriterien suchen, die auf ein relatives Extremum schließen lassen. Jedoch liegen die Dinge nicht mehr so einfach wie im Fall $n = 1$. Deshalb betrachten wir zunächst den Fall $n = 2$:

Satz 8.4.5:

Es seien $I = (a, b) \times (c, d)$ und $(x_0, y_0) \in I$. Ist $f : I \to I\!R$ 2-fach stetig partiell differenzierbar in I und

$$f_x(x_0, y_0) = f_y(x_0, y_0) = 0$$

sowie

$$f_{xx}(x_0, y_0) f_{yy}(x_0, y_0) - f_{xy}^2(x_0, y_0) > 0.$$

Dann besitzt f in (x_0, y_0) ein strenges relatives Extremum, und zwar ein strenges relatives Maximum, falls $f_{yy}(x_0, y_0) < 0$ bzw. ein strenges relatives Minimum, falls $f_{yy}(x_0, y_0) > 0$.

Beweis:

Nach der Taylorformel für $k + 1 = 2$ und der Voraussetzung $f_x(x_0, y_0) = f_y(x_0, y_0) = 0$ gilt:

$$f(x, y) - f(x_0, y_0) = \frac{1}{2}[h^2 f_{xx} + 2hs f_{xy} + s^2 f_{yy}]|_{(x_0+\mu h, y_0+\mu s)},$$

wobei $h = x - x_0$, $s = y - y_0$.

Setzen wir $t = \frac{s}{h}$ und $\xi = x_0 + \mu h$, $\eta = y_0 + \mu s$, so gilt

$$f(x,y) - f(x_0,y_0) = \frac{1}{2}h^2[f_{xx}(\xi,\eta) + 2tf_{xy}(\xi,\eta) + t^2 f_{yy}(\xi,\eta)].$$

Das Problem besteht nun darin, Bedingungen anzugeben, die gewährleisten, daß

$$f_{xx}(\xi,\eta) + 2tf_{xy}(\xi,\eta) + t^2 f_{yy}(\xi,\eta)$$

für (ξ,η) nahe genug bei (x_0,y_0) ein einheitliches Vorzeichen hat.

Ist nun

$$f_{xx}(x_0,y_0)f_{yy}(x_0,y_0) - f_{xy}^2(x_0,y_0) = \begin{vmatrix} f_{xx} & f_{xy} \\ f_{xy} & f_{yy} \end{vmatrix} > 0,$$

so gilt dies auch für (ξ,η) in der Nähe von (x_0,y_0) und dann besitzt das Polynom

$$P(t) = [f_{xx}(\xi,\eta) + 2tf_{xy}(\xi,\eta) + t^2 f_{yy}(\xi,\eta)]$$

keine reelle Nullstelle. Denn es ist

$$(\frac{f_{xy}}{f_{yy}})^2 - \frac{f_{xx}}{f_{yy}} < 0.$$

D. h.: $P(t)$ hat für $t \in \mathbb{R}$ immer das gleiche Vorzeichen.

Ist nun etwa $f_{yy} < 0$, so ist $P(t) < 0$, daraus folgt, daß (x_0,y_0) ein relatives Maximum von f ist. Analog folgt, daß (x_0,y_0) für $f_{yy} > 0$ ein relatives Minimum ist.

∎

Bemerkung 8.4.6:

1) Die Bedingungen von Satz 8.4.5 sind nur hinreichend, d. h. es könnte noch Extremwerte geben, obwohl die Bedingungen nicht erfüllt sind. Dann müsste man die höheren Ableitungen betrachten. Dies macht die Suche aber sehr kompliziert.

2) $h^2 P(t)$ kann auch in der Form

$$G_f(\underline{h},\underline{h}) = (h,s)\begin{pmatrix} f_{xx} & f_{xy} \\ f_{xy} & f_{yy} \end{pmatrix}\begin{pmatrix} h \\ s \end{pmatrix} \quad \text{mit} \quad \underline{h} = \begin{pmatrix} h \\ s \end{pmatrix}$$

geschrieben werden. Dann erhält man ein strenges relatives Maximum, falls $G_f(\underline{h},\underline{h}) < 0$ bzw. ein relatives Maximum, falls $G_f(\underline{h},\underline{h}) \leq 0$.

Analog ergibt sich sofort die entsprechende Aussage für den n-dimensionalen Fall:

3) Ist f eine Funktion von n Veränderlichen in einer Umgebung $B(\underline{x}_0, \delta)$ 2-fach stetig partiell differenzierbar und

$$Df(\underline{x}_0) = 0$$

und definiert man mit $\underline{h} = (h_1, \cdots, h_n)^T$ die Bilinearform

$$G_f(\underline{h}, \underline{h}) = \underline{h}^T D^2 f(\underline{x}_0) \underline{h},$$

so besitzt f in $\underline{x}_0$ ein (strenges) relatives Maximum, falls $G_f(\underline{h}, \underline{h})\,(<)\ \leq 0$ bzw. ein (strenges) relatives Minimum, falls $G_f(\underline{h}, \underline{h})\,(>)\ \geq 0$.

∎

Um also Kriterien wie im Fall $n = 2$ zu erhalten, werden wir demnächst derartige Bilinearformen genauer zu untersuchen haben.

Beispiel 8.4.7:

Man untersuche die Funktion $f : \mathbb{R}^2 \to \mathbb{R}$ auf Extremstellen, wobei f durch

$$f(x, y) = x^3 + 8y^3 - 6xy + 1$$

gegeben ist.

Wir setzen zunächst $f_x = 0$ und $f_y = 0$.

$$\begin{cases} f_x = 3x^2 - 6y \\ f_y = 24y^2 - 6x \end{cases} \quad \text{also} \quad \begin{cases} x^2 - 2y = 0 \\ 4y^2 - x = 0 \end{cases}.$$

Dann gilt

$$16y^4 = 2y, \quad \text{also} \quad y(8y^3 - 1) = 0,$$

daraus folgt

$$\begin{cases} y_1 = 0 \\ y_2 = \frac{1}{2} \end{cases} \quad \Longrightarrow \begin{cases} x_1 = 0 \\ x_2 = 1 \end{cases}.$$

Extremstellen gibt es, wenn überhaupt in

$$(0, 0) \quad \text{und} \quad (1, \frac{1}{2}).$$

Nun wenden wir Satz 8.4.5 an:

$$f_{xx} = 6x \qquad\qquad f_{xx}f_{yy} - f_{xy}^2 = \begin{cases} -36 & \text{in } (0,0), \\ +108 & \text{in } (1,\frac{1}{2}). \end{cases}$$
$$f_{xy} = -6$$
$$f_{yy} = 48y$$

Im Punkt $(0,0)$ liefert unser Satz keine Aussage. Im Punkt $(1,\frac{1}{2})$ liegt ein relatives Extremum vor und da

$$f_{yy}(1,\frac{1}{2}) = 24 > 0$$

gilt, ist dies ein relatives Minimum.

∎

Nun wollen wir noch Extremwerte bei vorliegenden Nebenbedingungen betrachten. Vorbereitend notieren wir den

Satz 8.4.8 (Satz über Implizite Funktionen):

Es sei $n, m \in \mathbb{N}$ mit $n > m$ und $\mathbb{R}^n = \mathbb{R}^{n-m} \times \mathbb{R}^m = \{(\underline{x},\underline{y}) | \underline{x} \in \mathbb{R}^{n-m},\ \underline{y} \in \mathbb{R}^m\}$, $D \subset \mathbb{R}^n$ offen, $(\underline{x}_0, \underline{y}_0) \in D$, es gelte

1) $\underline{F} : D \to \mathbb{R}^m$ k-fach stetig partiell differenzierbar;

2) $\underline{F}(\underline{x}_0, \underline{y}_0) = \underline{0}$;

3) $D_{\underline{y}}\underline{F}(\underline{x}_0, \underline{y}_0)$ nichtsingulär.

Dann gibt es eine offene Umgebung $U \subset \mathbb{R}^{n-m}$ von $\underline{x}_0$ und eine offene Umgebung $V \subset \mathbb{R}^m$ von $\underline{y}_0$ mit $U \times V \subset D$ und es existiert eine k-fach partiell differenzierbare Funktion $\underline{f} : U \to V$ ($\underline{f}$ heißt implizite Funktion) mit

1) $\underline{F}(\underline{x}, \underline{y}) = \underline{0} \iff \underline{y} = \underline{f}(\underline{x})$, für alle $\underline{x} \in U$ und für alle $\underline{y} \in V$.
Insbesondere: $\underline{y}_0 = \underline{f}(\underline{x}_0)$.

2) $D_{\underline{x}}\underline{F}(\underline{x}, \underline{f}(\underline{x})) + D_{\underline{y}}\underline{F}(\underline{x}, \underline{f}(\underline{x})) \cdot D\underline{f}(\underline{x}) = 0$, für alle $\underline{x} \in U$.
Insbesondere: $D\underline{f}(\underline{x}_0) = -[D_{\underline{y}}\underline{F}(\underline{x}_0, \underline{y}_0)]^{-1} \cdot D_{\underline{x}}\underline{F}(\underline{x}_0, \underline{y}_0)$.

∎

Ein Beweis dieses Satzes soll später in einem etwas anderen Zusammenhang nachgetragen werden (Siehe Bemerkung 8.5.15).

Beispiel 8.4.9:

Wir betrachten nichtlineares Gleichungssystem:

$$\begin{cases} e^x \cdot \cos(y) \cdot \sin(z) = -y^2 \\ 2x \cdot \cos(y^2 z) + \sin(y + x^2) = 0. \end{cases}$$

Dieses umgeschrieben in das Format des Satzes über Implizite Funktionen lautet:

$$\underline{F} \ : \ \mathbb{R}^3 \to \mathbb{R}^2, \qquad \underline{F}(x, y, z) = \underline{0}$$

mit

$$F_1(x, y, z) = e^x \cdot \cos(y) \cdot \sin(z) + y^2,$$
$$F_2(x, y, z) = 2x \cos(y^2 z) + \sin(y + x^2).$$

Offensichtlich ist $\underline{F}(0,0,0) = \underline{0}$ und das System besteht aus zwei Gleichungen mit drei Unbekannten.

Frage: Kann man in einer Umgebung von $\underline{0} \in \mathbb{R}^3$ mit Hilfe des Satzes über Implizite Funktionen nach $x(z)$, $y(z)$ auflösen bzw. nach $y(x)$, $z(x)$ auflösen , sodaß also gilt

$$\underline{F}(x(z), y(z), z) = \underline{0}, \quad \text{bzw.} \quad \underline{F}(x, y(x), z(x)) = \underline{0} \ ?$$

Wir prüfen nach, ob die Voraussetzungen von Satz 8.4.8 erfüllt sind:

1) F_1, F_2 sind stetig differenzierbar,

2) $F_1(0,0,0) = \underline{0}$, $F_2(0,0,0) = \underline{0}$,

3) $D\underline{F} = \begin{pmatrix} DF_1 \\ DF_2 \end{pmatrix} = \begin{pmatrix} F_{1x} & F_{1y} & F_{1z} \\ F_{2x} & F_{2y} & F_{2z} \end{pmatrix} = (D_x\underline{F}, D_y\underline{F}, D_z\underline{F}) =$

$$\begin{pmatrix} e^x \cos(y)\sin(z) & -e^x \sin(y)\sin(z) + 2y & e^x \cos(y)\cos(z) \\ 2\cos(y^2 z) + \cos(y + x^2)2x & 2x(-\sin(y^2 z))2yz + \cos(y + x^2) & 2x(-\sin(y^2 z))y^2 \end{pmatrix}.$$

Daraus folgt

$$D\underline{F}(0,0,0) = \begin{pmatrix} 0 & 0 & 1 \\ 2 & 1 & 0 \end{pmatrix}.$$

Da $D_{(y,z)^T}\underline{F}(0,0,0) = \begin{pmatrix} 0 & 1 \\ 1 & 0 \end{pmatrix}$ nichtsingulär ist, kann nach $y(x)$, $z(x)$ aufgelöst werden. Analog kann nach $x(y)$, $z(y)$ auch aufgelöst werden. Dagegen ist

$$D_{(x,y)^T}\underline{F}(0,0,0) = \begin{pmatrix} 0 & 0 \\ 2 & 1 \end{pmatrix}$$

singulär und der Satz über Implizite Funktionen nicht anwendbar.

Satz 8.4.10 (Lagrangesche Multiplikatorregel):

Vor. (1): $f, g : \mathbb{R}^n \to \mathbb{R}$ stetig partiell differenzierbar.

(2): An der stelle $\underline{x}^0$ liege ein relatives Minimum (Maximum) von f eingeschränkt auf die Menge $\{\underline{x} \in \mathbb{R}^n \mid g(\underline{x}) = 0\}$ vor.

(3): $Dg(\underline{x}^0) \neq \underline{0}$.

Beh. Es gibt ein $\lambda \in \mathbb{R}$ mit $\boxed{Df(\underline{x}^0) = \lambda Dg(\underline{x}^0)}$.

Beweis:

Wegen $Dg(\underline{x}^0) \neq \underline{0}$ nehmen wir o. B. d. A. an, daß $g_{x_n}(\underline{x}^0) \neq 0$. Nach Satz 8.4.8 ist $g = 0$ in einer Umgebung von $\underline{x}^0$ darstellbar als Graph einer stetig partiell differenzierbaren Funktion $x_n = h(x_1, ..., x_{n-1})$ mit $g(x_1, ..., x_{n-1}, h(x_1, ..., x_{n-1})) \equiv 0$.

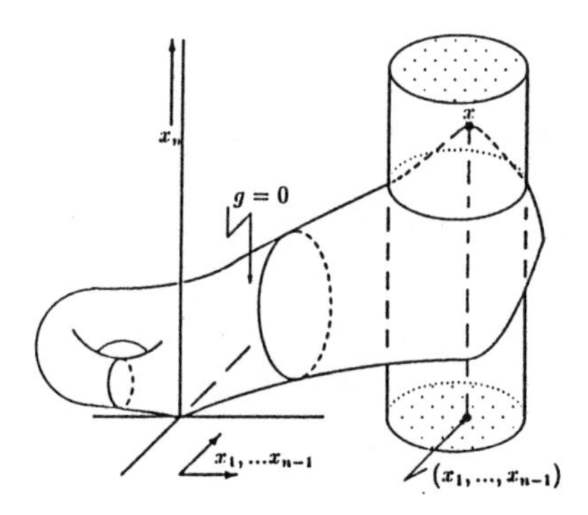

[Fig. 8. 12]

Wir setzen $F(x_1, ..., x_{n-1}) = f(x_1, ..., x_{n-1}, h(x_1, ..., x_{n-1}))$. Mit der Kettenregel folgt

$$\begin{cases} F_{x_1} &= f_{x_1} + f_{x_n} \cdot h_{x_1} \\ F_{x_2} &= f_{x_2} + f_{x_n} \cdot h_{x_2} \\ &\vdots \\ F_{x_{n-1}} &= f_{x_{n-1}} + f_{x_n} \cdot h_{x_{n-1}}. \end{cases}$$

Nach Vor. (2) hat F ein lokales Minimum (Maximum) in $(x_1^0, ..., x_{n-1}^0)$. Nach Satz 8.4.3 gilt deswegen

$$DF(x_1^0, ..., x_{n-1}^0) = \underline{0}.$$

D. h.: in $\underset{\sim}{x}^0 = (x_1^0, ..., x_{n-1}^0, x_n^0) = (x_1^0, ..., x_{n-1}^0, h(x_1^0, ..., x_{n-1}^0))$ gilt

$$\begin{cases} f_{x_1} + f_{x_n} \cdot h_{x_1} & = 0 \\ f_{x_2} + f_{x_n} \cdot h_{x_2} & = 0 \\ & \vdots \\ f_{x_{n-1}} + f_{x_n} \cdot h_{x_{n-1}} & = 0. \end{cases}$$

Zu berechnen sind $h_{x_1}, ..., h_{x_{n-1}}$ in $(x_1^0, ..., x_{n-1}^0)$. Dies erhalten wir aus

$$g(x_1, ..., x_{n-1}, h(x_1, ..., x_{n-1})) \equiv 0.$$

Damit sind sogar alle partiellen Ableitungen identisch gleich Null. Mit der Kettenregel ergibt sich

$$\begin{cases} g_{x_1} + g_{x_n} \cdot h_{x_1} & = 0 \\ g_{x_2} + g_{x_n} \cdot h_{x_2} & = 0 \\ \cdots\cdots\cdots & \\ g_{x_{n-1}} + g_{x_n} \cdot h_{x_{n-1}} & = 0. \end{cases}$$

Dies gilt insbesondere in $\underset{\sim}{x}^0 = (x_1^0, \cdots, x_{n-1}^0, h(x_1^0, \cdots, x_{n-1}^0))$. Also erhalten wir

$$h_{x_i}(x_1^0, ..., x_{n-1}^0) = -\frac{g_{x_i}(\underset{\sim}{x}^0)}{g_{x_n}(\underset{\sim}{x}^0)} \qquad i = 1, 2, ..., n-1.$$

Wir setzen jetzt

$$\lambda = \frac{f_{x_n}(\underset{\sim}{x}^0)}{g_{x_n}(\underset{\sim}{x}^0)}.$$

Dann gilt in $\underset{\sim}{x}^0$

$$\begin{cases} f_{x_1} & = \lambda g_{x_1} \\ f_{x_2} & = \lambda g_{x_2} \\ & \vdots \\ f_{x_{n-1}} & = \lambda g_{x_{n-1}} \\ f_{x_n} & = \lambda g_{x_n}. \end{cases}$$

D. h.

$$Df(\underset{\sim}{x}^0) = \lambda Dg(\underset{\sim}{x}^0).$$

∎

Wir nennen die Funktion $L(\underset{\sim}{x}) = f(\underset{\sim}{x}) - \lambda g(\underset{\sim}{x})$ **Lagrangesche Funktion** und λ **Lagrangeschen Multiplikator**.

Beispiel 8.4.11:

Gegeben: Eine Ellipse $x^2 + xy + y^2 - 3 = 0$.
Gesucht: Die Scheitelpunkte.

Lösung:

Man kann das so deuten, daß diejenigen Punkte der (x, y)-Ebene anzugeben sind, die auf der Ellipse liegen, und deren Abstände vom Ellipsenmittelpunkt $(0, 0)$ möglichst groß bzw. klein sind. Die Aufgabe lautet also: Bestimme die Extremwerte von $f(x, y) = x^2 + y^2$ unter der Nebenbedingung $g(x, y) = x^2 + xy + y^2 - 3 = 0$.

Die Lagrangesche Funktion ist $L(x, y) = f(x, y) - \lambda g(x, y)$.

1) Setze $DL(\underline{x}) = 0$, also

$$\begin{cases} f_x - \lambda g_x = 2x - \lambda(2x + y) = 0 \\ f_y - \lambda g_y = 2y - \lambda(2y + x) = 0. \end{cases}$$

2) Elimination von λ :

$$\lambda = \frac{2x}{2x + y}, \quad 2x + y \neq 0,$$

Also gilt

$$2y - \frac{2x}{2x + y}(2y + x) = \frac{4xy + 2y^2 - 4xy - 2x^2}{2x + y} = 0.$$

Daraus folgt

$$x = \pm y.$$

3) Einsetzen in die Nebenbedingung:

$$g(\pm y, y) = y^2 \pm y^2 + y^2 - 3 = \begin{cases} 3y^2 - 3 &= 0 \\ y^2 - 3 &= 0. \end{cases}$$

Daraus erhalten wir

$$y_{1,2} = \pm 1, \qquad y_{3,4} = \pm\sqrt{3}.$$

Damit sind die möglichen Extremstellen:

$$(1, 1), \quad (-1, -1), \quad (\sqrt{3}, -\sqrt{3}), \quad (-\sqrt{3}, \sqrt{3}).$$

Darüber hinaus ist aus der Aufgabenstellung zu ersehen, daß die Punkte $(1, 1)$, $(-1, -1)$ ein relatives Minimum und die beiden anderen Punkte ein relatives Maximum bedeuten.

∎

Man bemerkt, daß im Satz 8.4.10 $Df(\underline{x}) = \lambda Dg(\underline{x})$ nur eine notwendige Bedingung für ein relatives Minimum bzw. Maximum ist. Die Umkehrung ist, wie bei Optimierung ohne Nebenbedigung, i. a. falsch. Allerdings gilt:

Satz 8.4.12:

Es seien $f, g : \mathbb{R}^n \to \mathbb{R}$ 2-fach stetig partiell differenzierbar. Betrachte das Problem:

$$\mathcal{P}: \quad \text{Minimiere } f|_M, \quad M = \{\underline{x} \in \mathbb{R}^n \mid g(\underline{x}) = 0\}.$$

Falls zusätzlich gilt:

1) $\underline{x}_0 \in M$ und $Dg(\underline{x}_0) \neq 0$,

2) $Df(\underline{x}_0) = \lambda_0 Dg(\underline{x}_0)$,

3) $\underline{u}^T D^2 L(\underline{x}_0)\underline{u} > 0$, für alle $\underline{u} \in \mathbb{R}^n$ mit $Dg(\underline{x}_0)\underline{u} = 0$ und $\underline{u} \neq 0$.

Dann gilt: $\underline{x}_0$ ist lokales Minimum für $f|_M$.

∎

In der obigen Voraussetzung 3) geht die zweite Ableitung der Lagrangeschen Funktion L ein, und nicht nur die zweite Ableitung der Funktion f. Daß in der Tat eine Gewichtung der zweiten Ableitungen sowohl von f als auch von g eine Rolle spielt, sieht man schon an den folgenden Beispielen:

$$f(\underline{x}) = \|\underline{x}\|^2 = \underline{x}^T\underline{x}$$

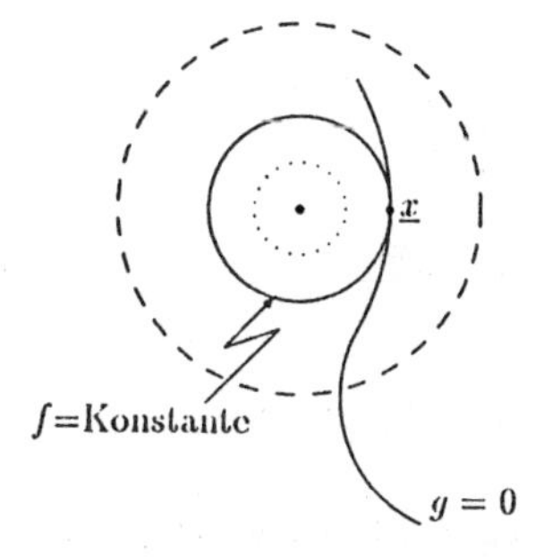

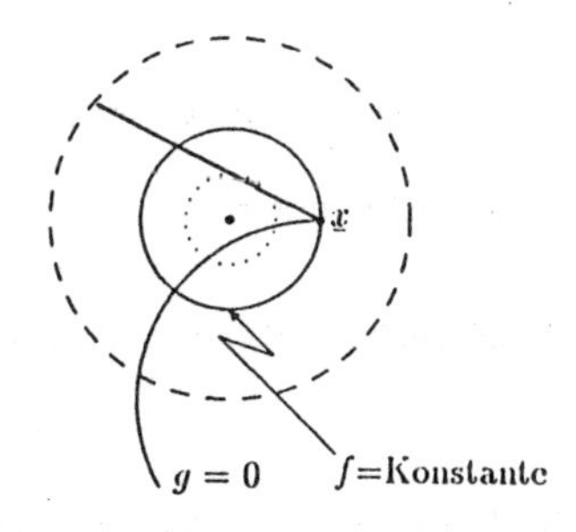

[Fig. 8. 13]

Man kann die obige Voraussetzung 2) mit $\underline{x}_0 \in M$ umformulieren in ein Gleichungssystem von $n+1$ Gleichungen mit $n+1$ Unbekannten. Setze dazu

$$\mathcal{T} : \begin{pmatrix} \underline{x} \\ \lambda \end{pmatrix} \longrightarrow \begin{pmatrix} D^T f(\underline{x}) - \lambda D^T g(\underline{x}) \\ -g(\underline{x}) \end{pmatrix}.$$

Es ist offensichtlich

$$\mathcal{T}(\underline{x}_0, \lambda_0) = \underline{0}.$$

Im folgenden zeigen wir, daß die $(n+1) \times (n+1)$-Matrix

$$D\mathcal{T}(\underline{x}_0, \lambda_0) = \begin{pmatrix} \overbrace{D^2 f(\underline{x}_0) - \lambda_0 D^2 g(\underline{x}_0)}^{=D^2 L(\underline{x}_0)} & -D^T g(\underline{x}_0) \\ -Dg(\underline{x}_0) & 0 \end{pmatrix}$$

nichtsingulär ist (Zur Erinnerung: Eine $(k \times k)$-Matrix A ist nichtsingulär genau dann, wenn $A\underline{u} = \underline{0}$ für alle $\underline{u} \in \mathbb{R}^k$ zur Folge hat, daß $\underline{u} = \underline{0}$ ist).

Dazu betrachte man das folgende lineare Gleichungssystem:

$$D\mathcal{T}(\underline{x}_0, \lambda_0)\begin{pmatrix} \underline{u} \\ v \end{pmatrix} = 0, \quad \underline{u} \in \mathbb{R}^n,\ v \in \mathbb{R}.$$

D. h.:

$$\begin{cases} D^2 L(\underline{x}_0)\underline{u} - vD^T g(\underline{x}_0) & = & 0 \\ -Dg(\underline{x}_0)\underline{u} & = & 0. \end{cases}$$

Multiplikation der ersten Gleichung von links mit $\underline{u}^T$ liefert

$$\underline{u}^T D^2 L(\underline{x}_0)\underline{u} - v\,\underbrace{\underline{u}^T D^T g(\underline{x}_0)}_{=0} = 0.$$

Somit folgt

$$\underline{u}^T D^2 L(\underline{x}_0)\underline{u} = 0.$$

wegen Voraussetzung 2) muß dann $\underline{u} = 0$ sein. Damit folgt

$$vD^T g(\underline{x}_0) = 0,$$

wegen $D^T g(\underline{x}_0) \neq 0$ muß dann auch $v = 0$. Also ist $D\mathcal{T}(\underline{x}_0, \lambda_0)$ nichtsingulär.

Anstatt des Problems $\mathcal{P}$ betrachten wir nun ein Optimierungsproblem:

$$\mathcal{P}(\alpha) : \quad \text{Min } f|_{M(\alpha)}, \quad M(\alpha) = \{\underline{x} \in \mathbb{R}^n | g(\underline{x}) = \alpha\},$$

wobei die rechte Seite von $g(\underline{x}) = 0$ gestört wird.

Für $\alpha = 0$ reduziert sich das obige Problem zum ursprünglichen Problem $\mathcal{P}$. Man kann $\mathcal{P}(\alpha)$ als $\boxed{\text{Störung des ursprünglichen Problems } \mathcal{P}}$ interpretieren.

Die Frage, die wir jetzt studieren wollen, lautet: Wie ändert sich der Optimalwert in erster Ordnung, wenn wir $\mathcal{P}(\alpha)$ betrachten anstatt $\mathcal{P} = \mathcal{P}(0)$?

Dazu betrachten wir die Abbildung $\mathcal{F} : \mathbb{R}^{n+2} \to \mathbb{R}^{n+1}$:

$$\mathcal{F} : \begin{pmatrix} \underline{x} \\ \lambda \\ \alpha \end{pmatrix} \longrightarrow \begin{pmatrix} D^T f(\underline{x}) - \lambda D^T g(\underline{x}) \\ \alpha - g(\underline{x}) \end{pmatrix}.$$

Wegen $\mathcal{F}(\underline{x}, \lambda, 0) = \mathcal{T}(\underline{x}, \lambda)$ gilt:

$$\mathcal{F}(\underline{x}_0, \lambda_0, 0) = \underline{0}$$

und

$$D_{(\underline{x},\lambda)}\mathcal{F}(\underline{x}_0, \lambda_0, 0) = D\mathcal{T}(\underline{x}_0, \lambda_0)$$

ist nichtsingulär. Nach dem Satz über implizite Funktionen gibt es in einer Umgebung von $\alpha = 0$ stetig differenzierbare Funktionen $\underline{x}(\alpha)$, $\lambda(\alpha)$ mit

$$\mathcal{F}(\underline{x}(\alpha), \lambda(\alpha), \alpha) \equiv 0.$$

Setze

$$h(\alpha) = f[\underline{x}(\alpha)],$$

dann gilt

$$h'(\alpha) = Df[\underline{x}(\alpha)] \cdot \underline{x}'(\alpha),$$

daraus folgt

$$h'(0) = Df(\underline{x}_0) \cdot \underline{x}'(0).$$

Es gilt

$$\alpha - g[\underline{x}(\alpha)] \equiv 0,$$

dann gilt

$$1 - Dg(\underline{x}_0) \cdot \underline{x}'(0) = 0.$$

Somit ist

$$h'(0) = \underbrace{Df(\underline{x}_0)}_{\lambda_0 Dg(\underline{x}_0)} \cdot \underline{x}'(0) = \lambda_0 \underbrace{Dg(\underline{x}_0) \cdot \underline{x}'(0)}_{=1} = \lambda_0,$$

also

$$\boxed{\left.\frac{d}{d\alpha} f[\underline{x}(\alpha)]\right|_{\alpha=0} = \lambda_0.}$$

Dies ergibt eine interessante Interpretation des Lagrange-Parameteres λ_0. Es ist λ_0 sozusagen ein Maß für die Sensibilität des Optimalwertes bzgl. Störung der rechten Seite von $g(\underline{x}) = 0$. Umformuliert in einen ökonomischen Kontext wird der Lagrange-Parameter λ_0 auch Schattenpreis genannt.

VIII. 5. Fixpunktsatz von Banach und der Satz über Inverse Funktionen

Definition 8.5.1:

Es sei V ein Vektorraum über $\mathbb{R}$. $\|.\| : V \to \mathbb{R}$ heißt **Norm**, falls für alle $x, y \in V$ und für alle $\alpha \in \mathbb{R}$ gelten:

(1): $\|x\| \geq 0,$ (Nichtnegativität)

(2): $\|x\| = 0 \iff x = 0,$ (Definitheit)

(3): $\|\alpha x\| = |\alpha|\|x\|,$ (Absolut-Homogenität)

(4): $\|x + y\| \leq \|x\| + \|y\|.$ (Dreiecksungleichung)

Falls (1)–(4) erfüllt sind, dann heißt $(V, \|.\|)$ **nomierter Raum**.

∎

Beispiel 8.5.2:

1) $V = \mathbb{R}^n$, $\|\underline{x}\|_2 = \|(x_1, x_2, ..., x_n)^T\|_2 := \sqrt{\sum_{i=1}^{n} |x_i|^2}$. Dann ist $(V, \|.\|_2)$ ein normierter Raum (vgl. HMI. S. 56). $\|.\|_2$ heißt **euklidische Norm**.

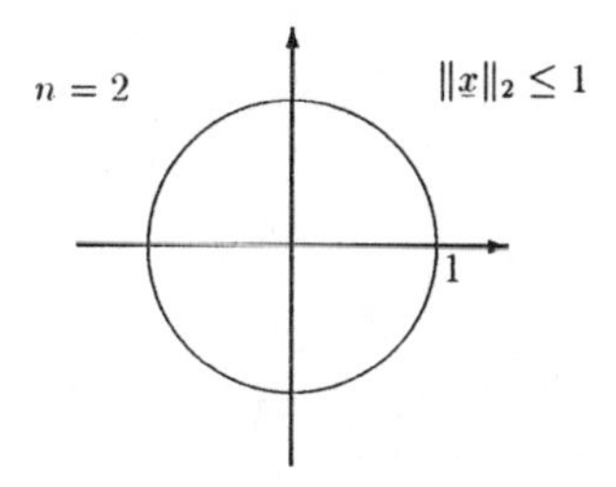

[Fig. 8.14]- Einheitskugel in $\|.\|_2$-Norm

2) $V = \mathbb{R}^n$, $\|\underline{x}\| := 5 \cdot \sqrt{\sum_{i=1}^{n} |x_i|^2}$. Dann ist $(V, \|.\|)$ ein normierter Raum (Übung). Beachte hier $\|(1, 0, ..., 0)^T\| = 5 \neq 1$.

3) $V = \mathbb{R}^n$, $\|\underline{x}\|_1 := \sum_{i=1}^{n} |x_i|$. Dann ist $(V, \|.\|_1)$ ebenfalls ein normierter Raum (Übung).

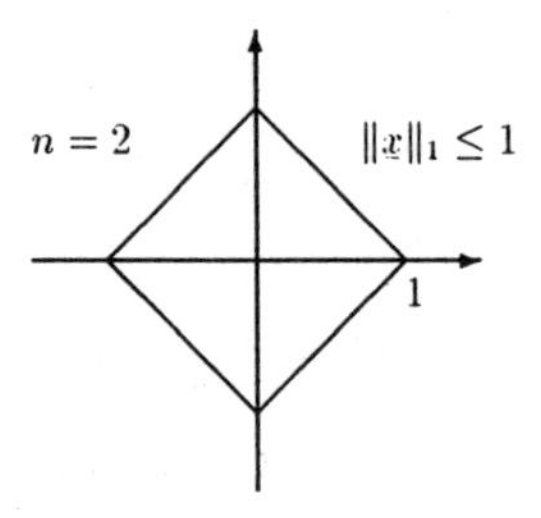

[Fig. 8.15]–Einheitskugel in $\|.\|_1$-Norm

4) Es seien $V = \mathbb{R}^n$ und $w_1, ..., w_n \in (0, \infty)$. Definieren wir $\|\underline{x}\| := \sum_{i=1}^{n} w_i |x_i|$. Dann ist $(V, \|.\|)$ ein normierter Raum (Übung) und die Norm heißt **gewichtete 1-Norm**.

5) $V = \mathbb{R}^n$, $\|\underline{x}\|_\infty := \max\{|x_i| \; |i = 1, ..., n\}$.

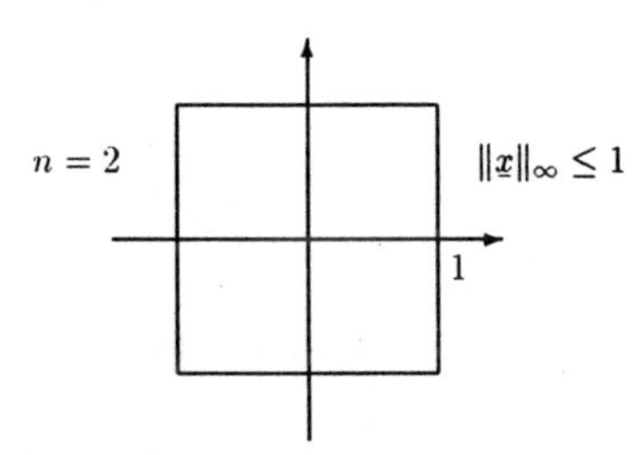

[Fig. 8.16]–Einheitskugel in $\|.\|_\infty$-Norm

Die Normeigenschaften (1), (2) und (3) sind nicht schwer nachzuprüfen (Übung).

Zu (4): Für alle $i \in \{1, ..., n\}$ gilt

$$|x_i + y_i| \le |x_i| + |y_i| \le \|\underline{x}\|_\infty + \|\underline{y}\|_\infty,$$

daraus folgt

$$\|\underline{x} + \underline{y}\|_\infty \le \|\underline{x}\|_\infty + \|\underline{y}\|_\infty.$$

Also ist $(V, \|.\|_\infty)$ ein normierter Raum.

6) $V = C[a,b] := \{f : [a,b] \to \mathbb{R} \,|\, f \text{ stetig}\}$,

$$\|f\| := \max_{x \in [a,b]} |f(x)|$$

ist wohldefiniert (vgl. Satz 5.3.4) und $(V, \|.\|)$ ist auch ein normierter Raum.

∎

Definition 8.5.3:

Es sei $(V, \|.\|)$ ein normierter Raum, $(x_n)_{n \in \mathbb{N}} \subset V$ eine Folge und $x_0 \in V$.

1) $(x_n)_{n \in \mathbb{N}}$ konvergiert gegen x_0 (Schreibweise: $\lim_{n \to \infty} x_n = x_0$), wenn $\lim_{n \to \infty} \|x_n - x_0\| = 0$ gilt.

2) $(x_n)_{n \in \mathbb{N}}$ heißt Cauchy–Folge, falls es für alle $\varepsilon > 0$ ein N_ε gibt, sodaß für alle n, $m \ge N_\varepsilon$ $\|x_n - x_m\| < \varepsilon$ gilt.

∎

Definition 8.5.4:

Es sei $(V, \|.\|)$ ein normierter Raum.

1) $(V, \|.\|)$ heißt vollständig, falls für jede Cauchy–Folge $(x_n)_{n \in \mathbb{N}} \subset V$ ein $x_0 \in V$ mit $\lim_{n \to \infty} x_n = x_0$ existiert.

   Ein vollständiger normierter Raum heißt auch Banachraum.

2) $A \subseteq V$ heißt abgeschlossen, falls für jede Folge $(x_n)_{n \in \mathbb{N}} \subseteq A$ mit $\lim_{n \to \infty} x_n = x_0 \in V$ gilt: $x_0 \in A$.

∎

Definition 8.5.5:

Es sei V ein Vektorraum über $\mathbb{R}$. Zwei Normen $\|.\|_1$, $\|.\|_2$ auf V heißen **äquivalent**, falls es $\alpha,\ \beta > 0$ gibt mit

$$\boxed{\alpha\|x\|_1 \le \|x\|_2 \le \beta\|x\|_1, \quad \text{für alle } x \in V}$$

∎

Beispiel 8.5.6:

Die zwei Normen $\|.\|_1$, $\|.\|_\infty$ auf $\mathbb{R}^n$ in Beispiel 8.5.2 3) und 5) sind äquivalent. Denn es gilt

$$\|x\|_1 = \sum_{i=1}^{n} |x_i| \le n \cdot \max_{j=1,\dots,n} |x_j| = n \cdot \|x\|_\infty$$

und

$$\|x\|_\infty = \max_{i=1,\dots,n} |x_i| \le \sum_{j=1}^{n} |x_j| = \|x\|_1,$$

insgesamt

$$\frac{1}{n}\|x\|_1 \le \|x\|_\infty \le \|x\|_1.$$

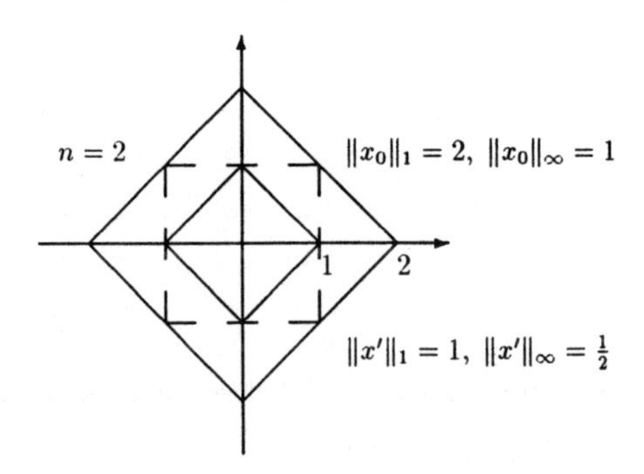

[Fig. 8.17]

∎

Satz 8.5.7:

Alle Normen im endlichdimensionalen Raum $\mathbb{R}^n$ sind äquivalent.

∎

Bemerkung 8.5.8:

1) Seien $\|.\|_1$, $\|.\|_2$ äquivalent auf V, $(x_n)_{n\in\mathbb{N}} \subset V$ und $x_0 \in V$. Dann folgt aus Definition 8.5.6

$$x_n \to x_0 \quad \text{bzgl.} \quad \|.\|_1 \iff x_n \to x_0 \quad \text{bzgl.} \quad \|.\|_2.$$

Somit folgt aus Satz 8.5.7, daß es im $\mathbb{R}^n$ im wesentlichen nur einen Konvergenzbegriff gibt.

2) Alle Normen auf $\mathbb{R}^n$ sind stetige Funktionen.

Beweis:

Es sei $\|.\|$ eine Norm auf $\mathbb{R}^n$, $(x_n)_{n\in\mathbb{N}} \subset \mathbb{R}^n$ eine Folge mit $x_n \to x_0$ im Sinne von HMI, d. h. $\|x_n - x_0\|_2 \to 0$. Zum Nachweis der Stetigkeit von $\|.\|$ müssen wir zeigen, daß $\|x_n\| \to \|x_0\|$ für $n \to \infty$ gilt. Nach Satz 8.5.7 und 1) gilt $\|x_n - x_0\| \to 0$, weil $\|x_n - x_0\|_2 \to 0$ ist. Wegen $\|x_n - x_0\| \geq |\, \|x_n\| - \|x_0\| \,| \geq 0$ (Übung) zieht $x_n \to x_0$ im Sinne von HMI die Konvergenz $\|x_n\| \to \|x_0\|$ nach sich.

∎

Definition 8.5.9 (Matrixnormen):

Es sei

$$A = \begin{pmatrix} a_{11} & a_{12} & \cdots & a_{1n} \\ a_{21} & a_{22} & \cdots & a_{2n} \\ \cdots & \cdots & \cdots & \cdots \\ a_{n1} & a_{n2} & \cdots & a_{nn} \end{pmatrix}$$

eine reelle (n, n)–Matrix. Es gibt grundsätzlich zwei Wege um eine Norm $\|A\|$ zu definieren:

1) Betrachte A als „langen Vektor"

$$(\underbrace{a_{11}, a_{12}, \cdots, a_{1n},}_{\text{Zeile 1}} \underbrace{a_{21}, a_{22}, \cdots, a_{2n},}_{\text{Zeile 2}} \cdots, a_{nn}) \in \mathbb{R}^{n^2}.$$

Wähle nun irgendeine Vektornorm (z. B. euklidische Norm) auf $\mathbb{R}^{n^2}$, dann ist

$$\|A\| = \sqrt{\sum_{i,j=1}^{n} |a_{ij}|^2} \qquad \boxed{\text{Frobenius–Norm}}$$

2) Betrachte A als Abbildung von $\mathbb{R}^n$ in $\mathbb{R}^n$, also $\underset{\sim}{x} \longmapsto A\underset{\sim}{x}$.

Sei $\|.\|$ eine Norm auf $\mathbb{R}^n$. Die von $\|.\|$ induzierte Matrixnorm $\|A\|$ wird folgendermaßen definiert:

$$\boxed{\|A\| := \sup_{\|\underset{\sim}{x}\| \leq 1} \|A\underset{\sim}{x}\|}$$

∎

Bemerkung 8.5.10:

1) Die Norm von A mißt, wie die Einheitskugel verzerrt wird (z. B. $A = 2E_n$, dann ist $A\underset{\sim}{x} = 2\underset{\sim}{x}$, somit gilt $\|A\| = 2$).

2) Es gilt (Übung)

$$\|A\| = \sup_{\|\underset{\sim}{x}\| \leq 1} \|A\underset{\sim}{x}\| = \sup_{\|\underset{\sim}{x}\| = 1} \|A\underset{\sim}{x}\| = \max_{\|\underset{\sim}{x}\| = 1} \|A\underset{\sim}{x}\|.$$

3) Es gilt

$$\boxed{\|A\underset{\sim}{x}\| \leq \|A\| \, \|\underset{\sim}{x}\|, \quad \text{für alle } \underset{\sim}{x} \in \mathbb{R}^n}.$$

Beweis: Die Aussage ist klar für $\underset{\sim}{x} = 0$. Falls $\underset{\sim}{x} \neq 0$, so ist

$$\|A\frac{\underset{\sim}{x}}{\|\underset{\sim}{x}\|}\| \leq \sup_{\|\underset{\sim}{z}\| = 1} \|A\underset{\sim}{z}\| = \|A\|.$$

Multiplizieren mit $\|\underset{\sim}{x}\|$ liefert die Behauptung.

∎

Beispiel 8.5.11:

Es sei A eine (n, n)-Matrix, $\|.\|$ sei die von der euklidischen Norm $\|.\|_2$ auf $\mathbb{R}^n$ induzierte Matrixnorm. Dann gilt

$$\|A\| = \sqrt{\lambda_{max}},$$

wobei λ_{max} der größte Eigenwert der symmetrischen Matrix $A^T A$ ist.

Beweis:

Nach Bemerkung 8.5.10 2) gilt

$$\|A\| = \max_{\|\underset{\sim}{x}\|_2 = 1} \|A\underset{\sim}{x}\|_2.$$

Offensichtlich wird $\underline{x} \mapsto \|A\underline{x}\|_2$ maximal in $\underline{x}_0$ genau dann, wenn $\underline{x} \mapsto \|A\underline{x}\|_2^2$ in $\underline{x}_0$ maximal wird. Es ist auch klar, daß gilt

$$\|\underline{x}\|_2 = 1 \iff \sqrt{\underline{x}^T\underline{x}} = 1 \iff \underline{x}^T\underline{x} - 1 = 0.$$

Wir betrachten nun das folgende Optimierungsproblem:

$$\boxed{\text{maximiere } f(\underline{x}) \quad \text{auf der Menge } M = \{\underline{x} \in I\!R^n \mid g(\underline{x}) = 0\}}$$

wobei

$$f(\underline{x}) = \|A\underline{x}\|_2^2 = \underline{x}^T A^T A\underline{x}, \quad g(\underline{x}) = \underline{x}^T\underline{x} - 1.$$

Es sei $\underline{x}_0 \in M$ das globale Maximum von $f|_M$. Wir können dann in $\underline{x}_0$ die Multiplikatorregel von Lagrange anwenden, falls $Dg(\underline{x}_0) \neq 0$ gilt. Allerdings kennen wir $\underline{x}_0$ nicht. Aber es ist

$$Dg(\underline{x}_0) = D(x_1^2 + x_2^2 + \cdots + x_n^2)_{|\underline{x}_0} = 2\underline{x}_0.$$

Wegen $\underline{x}_0 \in M$ ist $\underline{x}_0 \neq 0$, also gilt $Dg(\underline{x}_0) \neq 0$ und die Multiplikatorregel von Lagrange ist anwendbar. Also gilt $Df(\underline{x}_0) = \lambda g(\underline{x}_0)$, d. h. $2\underline{x}_0^T A^T A = 2\lambda \underline{x}_0^T$ oder

$$\underline{x}_0^T A^T A = \lambda \underline{x}_0^T. \qquad (*)$$

Multiplikation von Rechts mit $\underline{x}_0$ liefert

$$\underline{x}_0^T A^T A\underline{x}_0 = \lambda \underbrace{\underline{x}_0^T\underline{x}_0}_{=1} = \lambda.$$

Somit folgt $\lambda = f(\underline{x}_0)$, d. h. $\boxed{\lambda \text{ ist der Maximalwert von } f \text{ auf } M}$.

Nach der Gleichung (*) gilt $(\underline{x}_0^T A^T A)^T = (\lambda\underline{x}_0)^T$ oder $A^T A\underline{x}_0 = \lambda\underline{x}_0$. Diese Gleichung besagt nichts anderes als

1) λ ist Eigenwert von $A^T A$,

2) $\underline{x}_0$ ist Eigenvektor zum Eigenwert λ.

Sei zum Schluß λ' ein beliebiger Eigenwert von $A^T A$ mit einem zugehörigen Eigenvektor $\underline{x}'$ mit $\|\underline{x}'\|_2 = 1$, d. h. $A^T A\underline{x}' = \lambda'\underline{x}'$. Multiplikation von links mit $\underline{x}'$ liefert

$$\underbrace{\underline{x}'^T A^T A\underline{x}'}_{=f(\underline{x}')} = \lambda' \underbrace{\underline{x}'^T\underline{x}'}_{=1} = \lambda'.$$

Also gilt $\lambda' = f(\underline{x}') \leq f(\underline{x}_0) = \lambda$, weil λ der Maximalwert von f auf M ist. D. h. λ ist ein maximaler Eigenwert von $A^T A$.

Beachtet man, daß $f(\underset{\sim}{x}) = \|A\underset{\sim}{x}\|_2^2$, also $\|A\underset{\sim}{x}\|_2 = \sqrt{f(\underset{\sim}{x})}$ ist, so haben wir bewiesen:

$$\|A\| = \max_{\|\underset{\sim}{x}\|_2=1} \|A\underset{\sim}{x}\|_2 = \sqrt{\lambda}.$$

∎

Wir kommen jetzt zur Verallgemeinerung des Umkehrsatzes in einer Dimension (vgl. HMI, S.220). Vorbereitend beweisen wir den

Satz 8.5.12 (Fixpunktsatz von Banach):

Vor. Es sei $(V, \|.\|)$ ein Banachraum, $D \subseteq V$ abgeschlossen, $\lambda \in [0,1)$, $f : D \to D$ mit

$$\|f(x) - f(y)\| \leq \lambda \|x - y\|, \quad \text{für alle } x, y \in D.$$

Beh. (1): Es gibt genau ein $\bar{x} \in D$ mit

$$f(\bar{x}) = \bar{x}. \qquad (\bar{x} \text{ heißt } \boxed{\text{Fixpunkt}} \text{ von } f)$$

(2): Für jedes $x_0 \in D$ konvergiert die Folge $(x_n)_{n\in\mathbb{N}}$ gegen $\bar{x}$, wobei

$$x_{n+1} = f(x_n) \qquad \text{(Picard–Iteration)}$$

(3): $$\|x_n - \bar{x}\| \underbrace{\leq \frac{\lambda}{1-\lambda}\|x_n - x_{n-1}\|}_{\text{„a posteriori"}} \underbrace{\leq \frac{\lambda^n}{1-\lambda}\|f(x_0) - x_0\|}_{\text{„a priori"}} \qquad \text{(Fehlerabschätzung)}$$

Beweis:

Aus der Voraussetzung folgt insbesondere, daß f stetig ist. Wähle nun ein $x_0 \in D$ beliebig. Bilde dann x_n, $n = 1, 2, \cdots$, gemäß der Picard–Iteration. Wegen $f : D \to D$ ist dann $x_n \in D$ für alle $n \in \mathbb{N}$.

Falls $x_n \to \bar{x} \in D$, so ist $\bar{x}$ Fixpunkt von f. Denn zusammen mit der Stetigkeit von f folgt aus $x_{n+1} = f(x_n)$ sofort $\bar{x} = f(\bar{x})$.

Falls ein Fixpunkt existiert, dann ist dieser eindeutig. Denn, seien $\bar{x}, \tilde{x}$ zwei Fixpunkte von f, dann gilt

$$\|\bar{x} - \tilde{x}\| = \|f(\bar{x}) - f(\tilde{x})\| \leq \lambda \|\bar{x} - \tilde{x}\|,$$

also

$$\underbrace{(1-\lambda)}_{>0} \|\bar{x} - \tilde{x}\| \leq 0 \iff \|\bar{x} - \tilde{x}\| = 0 \iff \bar{x} = \tilde{x}.$$

Wir müssen jetzt noch die Existenz eines Grenzwertes nachweisen.

Falls $(x_n)_{n\in\mathbb{N}}$ eine Cauchy-Folge ist, gibt es ein $\bar{x} \in V$ mit $x_n \to \bar{x}$, da V ein Banachraum ist. Wegen $x_n \in D$ und der Abgeschlossenheit von D ist sogar $\bar{x} \in D$. Es reicht also zu zeigen, daß $(x_n)_{n\in\mathbb{N}}$ Cauchy-Folge ist.

Es gilt (beachte $0 \leq \lambda < 1$)

$$\begin{aligned}
\|x_{n+h} - x_n\| &= \|\sum_{j=1}^{h}(x_{n+j} - x_{n+j-1})\| \\
&\leq \sum_{j=1}^{h} \|x_{n+j} - x_{n+j-1}\| = \sum_{j=1}^{h} \|f(x_{n+j-1}) - f(x_{n+j-2})\| \\
&\leq \sum_{j=1}^{h} \lambda \|x_{n+j-1} - x_{n+j-2}\| \leq \cdots\cdots \\
&\leq \sum_{j=1}^{h} \lambda^j \|x_n - x_{n-1}\| = \lambda \sum_{j=0}^{h-1} \lambda^j \|x_n - x_{n-1}\| \\
&= \lambda \frac{1-\lambda^h}{1-\lambda} \|x_n - x_{n-1}\| \\
&\leq \frac{\lambda}{1-\lambda} \|x_n - x_{n-1}\| \leq \frac{\lambda}{1-\lambda} \lambda^{n-1} \|x_1 - x_0\| \\
&= \frac{\lambda^n}{1-\lambda} \|f(x_0) - x_0\| \longrightarrow 0 \quad (n \to \infty).
\end{aligned}$$

Also ist $(x_n)_{n \in N}$ eine Cauchy-Folge.

Die Behauptung (3) folgt sofort aus der obigen Formel für n fest und $h \to \infty$.

∎

Die Konstante λ nennt man Lipschitz-Konstante .

Bemerkung 8.5.13:

Wesentlich ist nun, wie man an eine Lipschitz-Konstante kommt ?

1) Es sei $f : [a, b] \to \mathbb{R}$ differenzierbar und $|f'(x)| \leq \lambda < 1$ für $x \in [a, b]$. Nach dem Mittelwertsatz gilt für alle $x, y \in [a, b]$

$$f(x) - f(y) = f'(\xi)(x - y), \quad \xi = \xi(x, y),$$

also

$$|f(x) - f(y)| = |f'(\xi)||x - y| \leq \lambda |x - y|.$$

Dann ist der Fixpunktsatz von Banach anwendbar.

2) Sei $\underline{f} : \mathbb{R}^n \to \mathbb{R}^n$ differenzierbar in jedem Punkt. Dann gilt (ohne Beweis):

$$\|\underline{f}(\underline{x}) - \underline{f}(\underline{y})\| \leq \|D\underline{f}(\underline{z})(\underline{x} - \underline{y})\|,$$

wobei $\underline{z} = (1-t)\underline{x} + t\underline{y}$ mit einem $t \in (0,1)$ ist. Wegen $\|A\underline{x}\| \leq \|A\| \cdot \|\underline{x}\|$ folgt somit

$$\|\underline{f}(\underline{x}) - \underline{f}(\underline{y})\| \leq \|D\underline{f}(\underline{z})\| \cdot \|\underline{x} - \underline{y}\|,$$

also, auch hier wird λ bestimmt durch eine obere Schranke für $\|D\underline{f}(\underline{x})\|$ in dem relevanten Bereich.

∎

Satz 8.5.14 (Satz über inverse Funktionen):

Vor. $D \subset \mathbb{R}^n$ offene Menge, $\underline{f} : D \to \mathbb{R}^n$ k-fach stetig partiell differenzierbar, $\underline{x}_0 \in D$ und $D\underline{f}(\underline{x}_0)$ nichtsingulär.

Beh. Es gibt eine offene Umgebung $U \subset D$ von $\underline{x}_0$ und eine offene Umgebung V von $\underline{f}(\underline{x}_0)$ mit

(1): $\underline{f}(U) = V$ und $\underline{f}|_U$ injektiv, somit existiert die Umkehrfunktion $(\underline{f}|_U)^{-1}$.

(2): $(\underline{f}|_U)^{-1}$ k-fach stetig partiell differenzierbar.

(3): Für alle $\underline{x} \in U$ ist $D\underline{f}(\underline{x})$ nichtsingulär und für alle $\underline{x} \in U$, $\underline{y} \in V$ mit $\underline{f}(\underline{x}) = \underline{y}$ gilt

$$D(\underline{f}|_U)^{-1}(\underline{y}) = [D\underline{f}(\underline{x})]^{-1}.$$

Beweis:

Wir zeigen nur die Existenz der lokalen Umkehrfunktion, dabei wird der Fixpunktsatz von Banach eingesetzt. Der Nachweis, daß die Umkehrfunktion (k-fach stetig partiell) differenzierbar ist, ist in diesem Zusammenhang elementar und soll hier nicht vorgeführt werden.

1) Zunächst können wir o. B. d. A. annehmen, daß $D\underline{f}(\underline{x}_0) = E$ gilt. Denn sonst betrachten wir $A \cdot \underline{f}(\underline{x})$ anstatt $\underline{f}(\underline{x})$ mit $A = [D\underline{f}(\underline{x}_0)]^{-1}$. Offensichtlich ist $\underline{f}(\underline{x}) = \underline{y}$ genau dann, wenn $A\underline{f}(\underline{x}) = A\underline{y}$ gilt. Ferner ist

$$D[A \cdot \underline{f}(\underline{x}_0)] = A \cdot D\underline{f}(\underline{x}_0) = [D\underline{f}(\underline{x}_0)]^{-1} D\underline{f}(\underline{x}_0) = E.$$

2) Sei $\|.\|$ die von der euklidischen Norm $\|.\|$ auf $\mathbb{R}^n$ induzierte Matrixnorm. Es ist $\|.\|$ stetig auf dem Raum $\mathbb{R}^{n^2}$ der $(n \times n)$-Matrizen. Somit ist

$$\underline{x} \mapsto \| \underbrace{D\underline{f}(\underline{x})}_{\text{stetig in } \underline{x}} - E\|$$

auch stetig. Es ist $D\underline{f}(\underline{x}_0) = E$, somit ist $\|D\underline{f}(\underline{x}_0) - E\| = 0$. Wegen der Stetigkeit von $\underline{x} \mapsto \|D\underline{f}(\underline{x}) - E\|$ gibt es ein $\delta > 0$ mit

$$\|D\underline{f}(\underline{x}) - E\| \leq \frac{1}{2}, \quad \text{für alle } \underline{x} \in B(\underline{x}_0, \delta),$$

wobei $B(\underline{x}_0, \delta) = \{\underline{x} \mid \|\underline{x} - \underline{x}_0\| < \delta\}$ ist. Wir setzen

$$U = B(\underline{x}_0, \delta), \quad V = \underline{f}(U).$$

3) Vorbereitend überführen wir zuerst die Gleichung $\underline{f}(\underline{x}) = \underline{y}$ in ein Fixpunktproblem.

Für jedes feste $\underline{y} \in V$ definieren wir nun $\underline{H}_{\underline{y}} : U \to \mathbb{R}^n$ durch

$$\underline{H}_{\underline{y}}(\underline{x}) = \underline{x} + \underline{y} - \underline{f}(\underline{x}).$$

Dann sehen wir $\underline{f}(\underline{x}) = \underline{y} \iff \underline{H}_{\underline{y}}(\underline{x}) = \underline{x}$ (d. h. $\underline{x}$ ist Fixpunkt von $\underline{H}_{\underline{y}}$).

Wegen $D\underline{H}_{\underline{y}}(\underline{x}) = E - D\underline{f}(\underline{x})$ und b) gilt $\|D\underline{H}_{\underline{y}}(\underline{x})\| \leq \frac{1}{2}$ für alle $\underline{x} \in U$. Zusammen mit Bemerkung 8.5.13 2) erhalten wir

$$\|\underline{H}_{\underline{y}}(\underline{x}_1) - \underline{H}_{\underline{y}}(\underline{x}_2)\| \leq \frac{1}{2}\|\underline{x}_1 - \underline{x}_2\|, \quad \text{für } \underline{x}_1, \underline{x}_2 \in U.$$

4) Wir zeigen nun, daß $\underline{f}|_U$ injektiv ist.

Es seien $\underline{y} \in V$ und $\underline{x}', \underline{x}'' \in U$ mit $\underline{f}(\underline{x}') = \underline{f}(\underline{x}'') = \underline{y}$, dann sind $\underline{x}'$ und $\underline{x}''$ zwei Fixpunkte von $\underline{H}_{\underline{y}}$ und gilt

$$\|\underline{x}' - \underline{x}''\| = \|\underline{H}_{\underline{y}}(\underline{x}') - \underline{H}_{\underline{y}}(\underline{x}'')\| \leq \frac{1}{2}\|\underline{x}' - \underline{x}''\|,$$

daraus folgt $\underline{x}' = \underline{x}''$. D. h. $\underline{f}|_U$ ist injektiv.

5) Jetzt zeigen wir, daß $V = \underline{f}(U)$ offen ist.

Wähle ein $\underline{u}_0 \in U$. Wir müssen zeigen, daß $\underline{f}(\underline{x}) = \underline{y}$ eine Lösung $\underline{x} \in U$ hat für jedes $\underline{y}$ in einer Umgebung von $\underline{v}_0 = \underline{f}(\underline{u}_0)$.

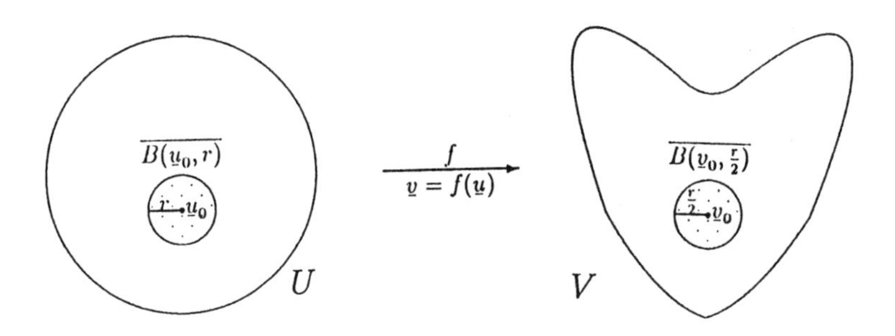

[Fig. 8. 18]

Da U eine offene Kugel ist, gibt es offensichtlich ein $r > 0$ mit $\overline{B(\underline{u}_0, r)} \subset U$. Wir zeigen zunächst, daß für alle $\underline{y} \in B(\underline{v}_0, \frac{r}{2})$ gilt

$$\underline{H}_{\underline{y}}[\overline{B(\underline{u}_0, r)}] \subset \overline{B(\underline{u}_0, r)}. \tag{*}$$

Sei $\underline{x} \in \overline{B(\underline{u}_0, r)}$, dann gilt

$$\begin{aligned} \|\underline{H}_{\underline{y}}(\underline{x}) - \underline{u}_0\| &= \|\underline{H}_{\underline{y}}(\underline{x}) - \underline{H}_{\underline{y}}(\underline{u}_0) + \underline{H}_{\underline{y}}(\underline{u}_0) - \underline{u}_0\| \\ &\leq \|\underline{H}_{\underline{y}}(\underline{x}) - \underline{H}_{\underline{y}}(\underline{u}_0)\| + \| \underbrace{\underline{H}_{\underline{y}}(\underline{u}_0) - \underline{u}_0}_{=\underline{y}-\underline{v}_0} \| \\ &\leq \frac{1}{2}\|\underline{x} - \underline{u}_0\| + \frac{1}{2}r \leq r. \end{aligned}$$

D. h. $\underline{H}_{\underline{y}}(\underline{x}) \in \overline{B(\underline{u}_0, r)}$. Also ist (*) bewiesen.

Wir wenden jetzt den Fixpunktsatz von Banach auf $\underline{H}_{\underline{y}}$ in $\overline{B(\underline{u}_0, r)}$ an, dann gibt es genau ein $\underline{x} \in \overline{B(\underline{u}_0, r)}$ mit $\underline{H}_{\underline{y}}(\underline{x}) = \underline{x}$, oder anders gesagt $\underline{f}(\underline{x}) = \underline{y}$.

6) Behauptung (3) kann man sich mit der Kettenregel merken. Schreiben wir $\underline{f}^{-1}$ für $(\underline{f}|_U)^{-1}$, dann folgt $\underline{f}^{-1} \circ \underline{f}(\underline{x}) \equiv \underline{x}$. Damit erhalten wir

$$D[\underline{f}^{-1} \circ \underline{f}(\underline{x})] = D\underline{f}^{-1}(\underline{y}) \cdot D\underline{f}(\underline{x}) \equiv E,$$

wobei $\underline{y} = \underline{f}(\underline{x})$ ist. Multiplikation von rechts mit $[D\underline{f}(\underline{x})]^{-1}$ liefert

$$D\underline{f}^{-1}(\underline{y}) = [D\underline{f}(\underline{x})]^{-1}.$$

∎

Bemerkung 8.5.15:

Der Satz über Implizite Funktionen (Satz 8.4.8) folgt unmittelbar aus dem Satz über inverse Funktionen.

Beweis für Satz 8.4.8 (nur die Strukturidee):

Wir definieren eine Funktion $\underline{T}$: $\mathbb{R}^n \to \mathbb{R}^n$ durch

$$\begin{pmatrix} \underline{x} \\ \underline{y} \end{pmatrix} \overset{\underline{T}}{\longmapsto} \begin{pmatrix} \underline{x} \\ \underline{F}(\underline{x}, \underline{y}) \end{pmatrix}.$$

Dann gilt

$$D\underline{T}(\underline{x}, \underline{y}) = \begin{pmatrix} E_{n-m} & 0 \\ D_{\underline{x}}\underline{F} & D_{\underline{y}}\underline{F} \end{pmatrix}.$$

Daraus folgt

$$\det D\underline{T}(\underline{x}_0, \underline{y}_0) = \underbrace{\det D_{\underline{y}}\underline{F}(\underline{x}_0, \underline{y}_0)}_{\neq 0}.$$

Somit ist $D\underline{T}(\underline{x}_0, \underline{y}_0)$ nichtsingulär. Nach Satz 8.5.14 ist $\underline{T}$ lokal umkehrbar. Betrachte nun speziell $\underline{T}^{-1}$ auf den Punkt der Gestalt $(\underline{x}, \underline{0}) \in V$

$$\begin{pmatrix} \underline{x} \\ \underline{f}(\underline{x}) \end{pmatrix} \overset{\underline{T}^{-1}}{\longleftarrow} \begin{pmatrix} \underline{x} \\ \underline{0} \end{pmatrix}.$$

$\underline{f}(\underline{x})$ hat die Eigenschaft

$$\underline{T}(\underline{x}, \underline{f}(\underline{x})) \equiv (\underline{x}, \underline{0}).$$

Nach der Definition von $\underline{T}$ ist

$$(\underline{x}, \underline{F}(\underline{x}, \underline{f}(\underline{x}))) \equiv (\underline{x}, \underline{0}).$$

Somit gilt $\underline{F}(\underline{x}, \underline{f}(\underline{x})) \equiv \underline{0}$. Also ist $\underline{f}$ eine Funktion, die durch $\underline{F}(\underline{x}, \underline{y}) = \underline{0}$ implizit gegeben ist.

∎

VIII. 6. Fehler- und Ausgleichungsrechnung

Als erstes wollen wir hier eine Methode beschreiben, mit der man einen bekannten theoretischen physikalischen Zusammenhang, der durch eine Funktion gewisser Art beschrieben wird, an Werte, die durch Messungen bestimmt worden sind, anpassen kann. Dabei geht man davon aus, daß erheblich mehr Meßpunkte vorliegen als dies zur eindeutigen Bestimmung der Parameter – in dem theoretischen Zusammenhang – erfordlich wäre.

Wir gehen aus von einer Funktion

$$f \ : \ \mathbb{R}^{n+1} \longrightarrow \mathbb{R}$$

$$(x, a_1, \cdots, a_n) \longmapsto f(x, a_1, \cdots, a_n).$$

$a_1, \cdots, a_n$ werden als **Parameter** angesehen und sollen so bestimmt werden, daß bei Vorgabe von k Meßpunkten

$$(x_1, y_1),\ (x_2, y_2),\ \cdots, (x_k, y_k)$$

die **quadratische Fehler–Funktion** $\Phi : \mathbb{R}^n \to \mathbb{R}$ definiert durch

$$\Phi(a_1, \cdots, a_n) = \sum_{i=1}^{k} [y_i - f(x_i, a_1, \cdots, a_n)]^2$$

ein Minimum in $(a_1^0, \cdots, a_n^0)$ hat. Folgendes Bild ist eine geometrische Veranschaulichung:

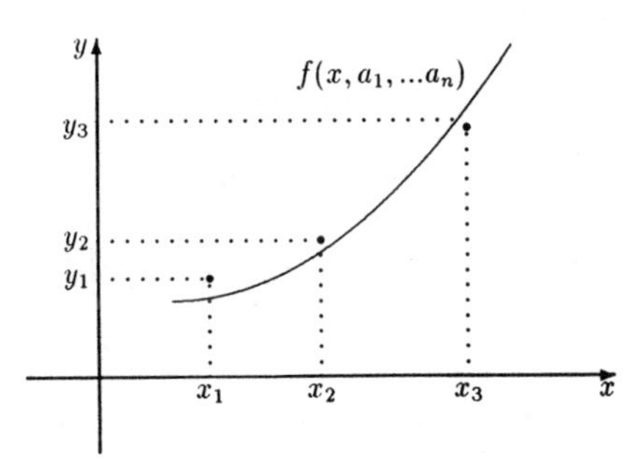

[Fig. 8. 19]

Notwendig für ein Minimum — sofern Φ differenzierbar ist — wäre

$$\Phi_{a_1} = \Phi_{a_2} = \cdots = \Phi_{a_n} = 0,$$

woraus $a_1^0, a_2^0, \cdots, a_n^0$ zu berechnen sind. dies ist im allgemeinen Fall sehr schwierig. Dann wäre auch der Nachweis zu führen, daß dieser Punkt ein Minimum ist. Deshalb beschränken wir uns hier auf den linearen Fall, wir bestimmen also eine sogenannte **Ausgleichsgerade** durch k Meßpunkte.

Ist $f(x, a, b) = ax + b$, dann lautet das Ausgleichsproblem:

$$\Phi(a, b) = \sum_{i=1}^{k} [y_i - (ax_i + b)]^2 = Min.$$

Notwendig dafür ist (nach Satz 8.4.3)

$$\Phi_a = \sum_{i=1}^{k} 2[y_i - ax_i - b](-x_i) = -2\sum_{i=1}^{k} y_i x_i + 2a\sum_{i=1}^{k} x_i x_i + 2b\sum_{i=1}^{k} x_i = 0$$

und

$$\Phi_b = \sum_{i=1}^{k} 2[y_i - ax_i - b](-1) = -2\sum_{i=1}^{k} y_i + 2a\sum_{i=1}^{k} x_i + 2bk = 0.$$

Nach Gauß setzt man abkürzend

$$\sum_{i=1}^{k} x_i y_i = [x, y], \quad \text{also} \quad \sum_{i=1}^{k} x_i x_i = [x, x]$$

und

$$\sum_{i=1}^{k} x_i = [x_i] \quad \text{bzw.} \quad \sum_{i=1}^{k} y_i = [y].$$

Damit ergeben sich die Bedingungen:

$$a[x, x] + b[x] = [y, x], \quad a[x] + bk = [y].$$

Aus diesem linearen inhomogenen Gleichungssystem ergeben sich nun die Parameter a, b wie folgt:

$$a = \frac{k[y, x] - [x][y]}{k[x, x] - [x]^2}, \quad b = \frac{[x, x][y] - [y, x][x]}{k[x, x] - [x]^2},$$

falls $k[x, x] - [x]^2 \neq 0$ ist.

Falls es $i_1, i_2 \in \{1, \cdots, k\}$ existieren mit $i_1 \neq i_2$ und $x_{i_1} \neq x_{i_2}$, so gibt es zu $t := \frac{1}{k}[x]$ ein $i \in \{1, \cdots, k\}$ mit $t \neq x_i$ und es gilt:

$$0 < \sum_{i=1}^{k} (x_i - t)^2 = \sum_{i=1}^{k} x_i^2 - 2t\sum_{i=1}^{k} x_i + t^2 k = [x, x] - 2t[x] + kt^2 = [x, x] - \frac{1}{k}[x]^2.$$

Damit sind zunächst a und b eindeutig bestimmt.

Nun ist

$$\Phi_{aa}\Phi_{bb} - \Phi_{ab}^2 = 2[x,x]2k - (2[x])^2 = 4(k[x,x] - [x]^2) > 0.$$

Wegen $\Phi_{bb} = 2k > 0$ liegt dann aber nach Satz 8.4.5 ein relatives Minimum vor. Es gilt also der

Satz 8.6.1:

Es seien $(x_1, y_1), \cdots, (x_k, y_k)$ gegebene Meßpunkte und nicht alle $x_1, \cdots, x_n$ seien gleich. Dann ist die Funktion $f(x) = ax + b$ mit

$$a = \frac{k[y,x] - [x][y]}{k[x,x] - [x]^2}, \quad b = \frac{[x,x][y] - [y,x][x]}{k[x,x] - [x]^2}$$

eine Gerade derart, daß die Summe der Quadrate der y-Abweichungen von den Meßpunkten ein Minimum wird.

∎

Bemerkung 8.6.2:

Es gilt verschiedene weitere Varianten dieser Methode, die alle als Methoden der kleinsten Quadrate (nach Gauß) benannt werden.

Beispiel 8.6.3:

Durch die Meßpunkte $(0,1), (1,2), (2,4)$ soll eine Gerade so gelegt werden, daß die Summe der Quadrate der y-Abweichungen ein Minimum wird.

Lösung:

$$k = 3, \quad x_1 = 0, \quad x_2 = 1, \quad x_3 = 2 \quad \text{bzw.} \quad y_1 = 1, \quad y_2 = 2, \quad y_3 = 4.$$

Mit einfachen Rechnungen haben wir

$$[y,x] = 0 + 2 + 8 = 10, \qquad [x,x] = 0 + 1 + 4 = 5$$

und

$$[x] = 0 + 1 + 2 = 3, \qquad [y] = 1 + 2 + 4 = 7.$$

Nun können wir die Parameter a, b berechnen, also

$$a = \frac{3 \cdot 10 - 3 \cdot 7}{3 \cdot 5 - 9} = \frac{3}{2}, \quad b = \frac{5 \cdot 7 - 10 \cdot 3}{6} = \frac{5}{6}.$$

Die Gleichung der Ausgleichsgeraden lautet

$$f(x) = \frac{3}{2}x + \frac{5}{6}.$$

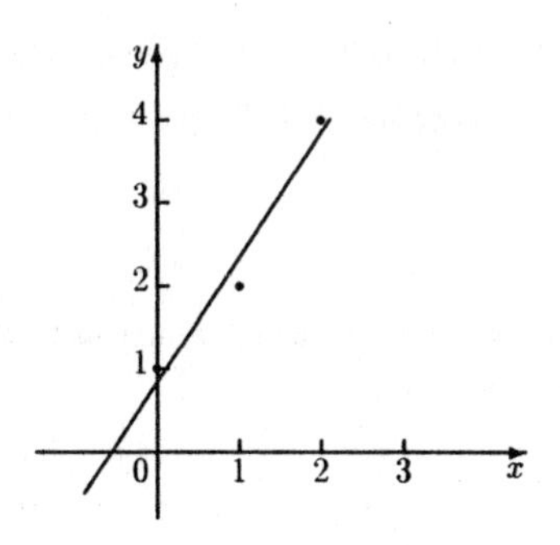

[Fig. 8. 20]

Im folgenden wollen wir nochmals die Taylorsche Formel anwenden und das Fehlerfortpflanzungsgesetz herleiten. Zunächst einmal eine kurze Diskussion der relevanten Größen wie Fehler und Mittelwert, Streuung etc..

Fehlerarten:

1) Systematische Fehler.

   Diese können durch Verbesserung der Meßapparatur -und nur dadurch- verbessert werden.

2) Statistische Fehler.

   Z. B.: Ablesefehler, Erschütterungen, Luftfeuchtigkeit und andere schwankende äußere Einflüsse. Diese können durch mehrmalige Durchführung einer Messung verbessert werden.

Eine Meßreihe für ein und diesselbe physikalische Größe habe also die Werte $x_1, \cdots, x_n$ erbracht.

Definition 8.6.4:

$$\bar{x} = \frac{1}{n} \sum_{i=1}^{n} x_i$$

heißt (arthmetischer) Mittelwert der Zahlen $x_1, \cdots, x_n$.

∎

Der Mittelwert allein ist nicht ausreichend um die Güte einer Meßreihe zu beschreiben. Man benötigt noch ein Maß für die Streuung (d. h. Abweichung vom Mittelwert) der Meßergebnisse.

Definition 8.6.5:

Ist $\bar{x}$ der arithmetische Mittelwert der Zahlen $x_1, \cdots, x_n$, so heißt die Größe

$$s = \sqrt{\frac{1}{n} \sum_{i=1}^{n} (x_i - \bar{x})^2} \quad \text{oder} \quad \left(\sigma = \frac{1}{n} \sqrt{\sum_{i=1}^{n} (x_i - \bar{x})^2} \right)$$

Streuung oder mittlerer Fehler .

∎

Bemerkung 8.6.6:

1) Die Angabe des Wertes einer physikalischen Größe erfolgt dann in der Form:

$$\bar{x} \pm s \quad (\bar{x} \pm \sigma).$$

2) In der Statistik beweist man, daß $\frac{2}{3}$ aller Meßergebnisse innerhalb des Intervalls $(\bar{x} - s, \bar{x} + s)$ liegen. Sogar 95% aller Meßergebnisse liegen in $(\bar{x} - 2s, \bar{x} + 2s)$.

3) s hat gegenüber σ den Vorteil der einfacheren Handhabung.

4) Häufig findet man n durch $n - 1$ ersetzt um anzudeuten, daß diese Formeln für eine einmalige Messung keinen Sinn haben.

∎

Beispiel 8.6.7:

Zu bestimmen ist das Volumen eines Kreiszylinders $V = \pi r^2 h = f(r, h)$. Dabei werden r und h gemessen. Danach ergibt sich $r = \bar{r} \pm s_r$, $h = \bar{h} \pm s_h$. Wie groß ist dann der mittlere Fehler des Volumens ?

Lösung:

Wir gehen zunächst allgemein vor. Liegt ein physikalischer Zusammenhang $f : \mathbb{R}^2 \to \mathbb{R}$ vor und seien x, y durch unabhängige Messungen zu $x_1, x_2, \cdots, x_n$ für x und $y_1, y_2, \cdots, y_m$ für y, also zu $x = \bar{x} \pm s_x$ und $y = \bar{y} \pm s_y$ bestimmt worden, so setzen wir zunächst

$$u_i = x_i - \bar{x}, \quad i = 1, \cdots, n$$

$$v_k = y_k - \bar{y}, \quad k = 1, \cdots, m$$

und

$$z_{ik} = f(x_i, y_k) = f(\bar{x} + u_i, \bar{y} + v_k).$$

Ist f differenzierbar, so liefert die Taylorentwicklung von f in $(\bar{x}, \bar{y})$:

$$z_{ik} = f(\bar{x}, \bar{y}) + f_x(\bar{x}, \bar{y})u_i + f_y(\bar{x}, \bar{y})v_k + \cdots.$$

Der Mittelwert der Werte z_{ik} bestimmt sich zu

$$\frac{1}{mn}\sum_{i=1}^{n}\sum_{k=1}^{m} z_{ik} = f(\bar{x}, \bar{y}) + \frac{f_x(\bar{x}, \bar{y})}{n}\sum_{i=1}^{n} u_i + \frac{f_y(\bar{x}, \bar{y})}{m}\sum_{k=1}^{m} v_k + \cdots.$$

Wegen $\sum u_i = \sum v_k = 0$ ergibt sich damit in erster Näherung

$$\frac{1}{mn}\sum_{i=1}^{n}\sum_{k=1}^{m} z_{ik} \approx f(\bar{x}, \bar{y}).$$

Nun bestimmen wir (wieder in erster Näherung) den mittleren Fehler s von z_{ik}. Es ist

$$\begin{aligned}
s^2 &= \frac{1}{mn}\sum_{i=1}^{n}\sum_{k=1}^{m}(z_{ik} - \bar{z})^2 \\
&= \frac{1}{mn}\sum\sum(\underbrace{f(\bar{x}, \bar{y})}_{\approx \bar{z}} + f_x(\bar{x}, \bar{y})u_i + f_y(\bar{x}, \bar{y})v_k + \cdots - \bar{z})^2 \\
&= \frac{1}{mn}\sum\sum(f_x^2(\bar{x}, \bar{y})u_i^2 + f_y^2(\bar{x}, \bar{y})v_k^2 + 2f_x(\bar{x}, \bar{y})f_y(\bar{x}, \bar{y})u_i v_k + \cdots) \\
&= f_x^2(\bar{x}, \bar{y})s_x^2 + f_y^2(\bar{x}, \bar{y})s_y^2 + \underbrace{\frac{2}{mn}f_x(\bar{x}, \bar{y})f_y(\bar{x}, \bar{y})\sum\sum u_i v_k}_{=0} + \cdots \\
&\approx f_x^2(\bar{x}, \bar{y})s_x^2 + f_y^2(\bar{x}, \bar{y})s_y^2
\end{aligned}$$

Daraus ergibt sich das Fehlerfortpflanzungsgesetz

$$s_f = s = \sqrt{f_x^2(\bar{x}, \bar{y})s_x^2 + f_y^2(\bar{x}, \bar{y})s_y^2}.$$

Es sei z. B. $\bar{r} = 3,\ s_r = 0.03,\ \bar{h} = 10,\ s_h = 0.1$, dann ergibt sich für das Zyklindervolumen

$$V = \pi r^2 h = 90\pi$$

und für den Fehler mit $f_r = 2\pi r h,\ f_h = \pi r^2$

$$\begin{aligned}
s_v &= \sqrt{f_r^2 s_r^2 + f_h^2 s_h^2} = \sqrt{4\pi^2\bar{r}^2\bar{h}^2 \cdot (0.03)^2 + \pi^2\bar{r}^4 \cdot (0.1)^2} \\
&= \pi\sqrt{5 \cdot (0.81)} = 0.9\pi\sqrt{5}.
\end{aligned}$$

IX. Integralrechnung

IX. 1. Das Inhaltsproblem bei reellen Funktionen einer Veränderlichen

Es sei $f : [a, b] \to [0, \infty)$ und beschränkt. Gesucht werde der Flächeninhalt, den der Graph von f mit der x-Achse eingeschließt.

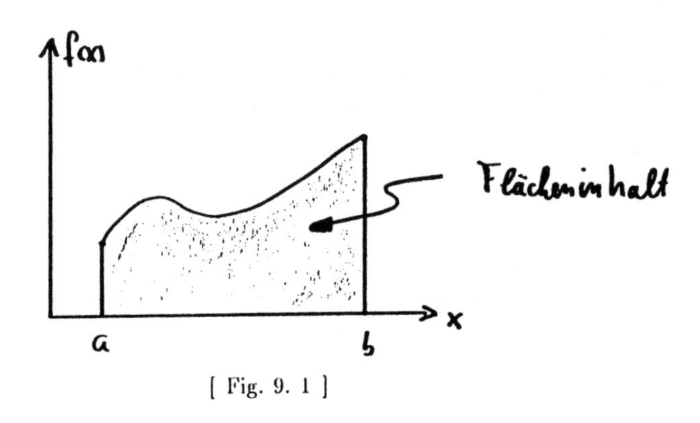

[Fig. 9. 1]

Dazu kann man sich des folgenden Näherungsverfahrens bedienen:

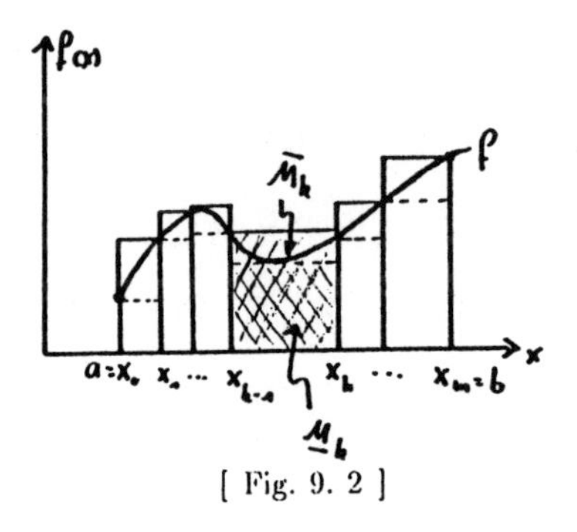

[Fig. 9. 2]

Man unterteilt das Intervall $[a, b]$ möglichst oft und bestimmt dann F_1=Fläche der eingeschlossenen Rechtecke und F_0=Fläche der umschließenden Rechtecke. Der Wert des Flächeninhaltes liegt zwischen F_1 und F_0. Die Genauigkeit wird durch Verfeinerung der Unterteilung erhöht. Mathematisch geht man dann zum Grenzwert über. Wir beschreiben nun dieses Verfahren genauer:

Definition 9.1.1:

1) Es sei $[a, b]$ ein Intervall mit $a < b$ und

$$\mathcal{Z} := \{x_0, x_1, \cdots, x_{m-1}, x_m\} \subset [a, b],$$

so daß $a = x_0 < x_1 < x_2 < \cdots < x_{m-1} < x_m = b$ gilt. Dann heißt $\mathcal{Z}$ Zerlegung des Intervalls.

2) Es seien $\mathcal{Z}_1$, $\mathcal{Z}_2$ zwei Zerlegungen des Intervalls $[a, b]$. $\mathcal{Z}_2$ heißt genau dann Verfeinerung von $\mathcal{Z}_1$, wenn $\mathcal{Z}_2 \supset \mathcal{Z}_1$ gilt.

3) Eine Folge von Zerlegungen von $[a, b]$, geschrieben als $(\mathcal{Z}_n)_{n \in N}$ mit

$$\mathcal{Z}_n = \{x_0, x_1, \cdots, x_{m_n}\},$$

heißt Zerlegungsfolge, wenn gilt:

(1): $\mathcal{Z}_{n+1}$ ist eine Verfeinerung von $\mathcal{Z}_n$ für $n = 1, 2, \cdots$.

(2): $\lim_{n \to \infty} \delta_n = 0$ mit $\delta_n := \max_{k=1,\cdots,m_n} (x_k - x_{k-1})$.

∎

Nun setzen wir unter der Voraussetzung, daß f beschränkt ist, für irgendeine Zerlegung $\mathcal{Z} = \{x_0, \cdots, x_m\}$

$$\begin{aligned} \bar{M}_k(f) &= \sup_{x_{k-1} \le x \le x_k} f(x) \quad \text{und} \\ \underline{M}_k(f) &= \inf_{x_{k-1} \le x \le x_k} f(x), \quad k = 1, 2, \cdots, m. \end{aligned}$$

Damit bestimmen wir dann für diese Zerlegung $\mathcal{Z}$

$$\begin{aligned} \bar{S}(\mathcal{Z}) &= \sum_{k=1}^{m} \bar{M}_k(f)(x_k - x_{k-1}) \quad \text{und} \\ \underline{S}(\mathcal{Z}) &= \sum_{k=1}^{m} \underline{M}_k(f)(x_k - x_{k-1}). \end{aligned}$$

$\bar{S}(\mathcal{Z})$ heißt Obersumme und $\underline{S}(\mathcal{Z})$ Untersumme von f zur Zerlegung $\mathcal{Z}$.

Wichtig ist zunächst der folgende

Satz 9.1.2:

Es sei $f : [a,b] \to \mathbb{R}$ beschränkt und $(\mathcal{Z}_n)_{n\in\mathbb{N}}$ eine Zerlegungsfolge von $[a,b]$. Dann existieren die beiden Grenzwerte

$$\lim_{n\to\infty} \bar{S}(\mathcal{Z}_n), \quad \lim_{n\to\infty} \underline{S}(\mathcal{Z}_n)$$

und gilt

$$\lim_{n\to\infty} \bar{S}(\mathcal{Z}_n) \geq \lim_{n\to\infty} \underline{S}(\mathcal{Z}_n).$$

Beweis:

Es gilt

$$\underline{S}(\mathcal{Z}_1) \leq \cdots \leq \underbrace{\underline{S}(\mathcal{Z}_n) \leq \underline{S}(\mathcal{Z}_{n+1})}_{\substack{\text{Untersumme wird größer}\\ \text{bei feinerer Zerlegung}}} \leq \underbrace{\bar{S}(\mathcal{Z}_{n+1}) \leq \bar{S}(\mathcal{Z}_n)}_{\substack{\text{Obersumme wird kleiner}\\ \text{bei feinerer Zerlegung}}} \leq \cdots \leq \bar{S}(\mathcal{Z}_1).$$

Damit sind $\bar{S}(\mathcal{Z}_n)$ und $\underline{S}(\mathcal{Z}_n)$ beschränkt und monoton, womit nach Satz 4.1.15 die beiden Grenzwerte existieren.

∎

Definition 9.1.3:

Es sei $f : [a,b] \to \mathbb{R}$ beschränkt und $(\mathcal{Z}_n)_{n\in\mathbb{N}}$ eine Zerlegungsfolge. Gilt

$$\lim_{n\to\infty} \bar{S}(\mathcal{Z}_n) = \lim_{n\to\infty} \underline{S}(\mathcal{Z}_n),$$

dann heißt f im Riemannschen Sinn **integrierbar**.

∎

Ohne Beweis geben wir nun den folgenden Satz an, der besagt, daß die Integrierbarkeit unabhängig von der gewählten Zerlegungsfolge ist.

Satz 9.1.4:

Es sei f integrierbar in $[a,b]$, dann gilt für zwei Zerlegungsfolgen $(\mathcal{Z}_n)_{n\in\mathbb{N}}$, $(\mathcal{Z}_n^*)_{n\in\mathbb{N}}$ stets

$$\lim_{n\to\infty} \underline{S}(\mathcal{Z}_n) = \lim_{n\to\infty} \underline{S}(\mathcal{Z}_n^*) \quad \text{und} \quad \lim_{n\to\infty} \bar{S}(\mathcal{Z}_n) = \lim_{n\to\infty} \bar{S}(\mathcal{Z}_n^*).$$

Somit ist auch der für Obersummen- und Untersummenfolge gleiche Grenzwert unabhängig von der Zerlegungsfolge.

∎

Definition 9.1.5:

Es sei $f : [a, b] \to \mathbb{R}$ integrierbar und $(\mathcal{Z}_n)_{n\in\mathbb{N}}$ eine Zerlegungsfolge, dann schreiben wir

$$\lim_{n\to\infty} \bar{S}(\mathcal{Z}_n) = \lim_{n\to\infty} \underline{S}(\mathcal{Z}_n) =: \int_a^b f\,dx$$

und nennen diesen Wert das **Integral** von f. Die Zahl a heißt **untere Grenze** und die Zahl b heißt **obere Grenze** des Integrals.

∎

Da die Bedingung der Integrierbarkeit einer Funktion f im Einzelfall schwierig zu überprüfen ist, geben wir nun ohne Beweis zwei wichtige Klassen von integrierbaren Funktionen an.

Satz 9.1.6:

1) Ist f in $[a, b]$ monoton und beschränkt, so ist f integrierbar.
2) Ist f stetig in $[a, b]$, dann ist f integrierbar.

∎

Bemerkung 9.1.7:

1) Eine monotone beschränkte Funktion kann unendlich viele Sprungstellen haben. Ein Beispiel dazu ist die Stufenfunktion $f : [0, 1] \to \mathbb{R}$ mit

$$f(x) = \begin{cases} 0, & x = 0 \\ \frac{1}{n}, & x \in \left(\frac{1}{n+1}, \frac{1}{n}\right], \end{cases} \quad n = 1, 2, \cdots.$$

2) Der obige Satz zeigt, wieso gerade die stetigen Funktionen in der Mathematik eine relativ große Bedeutung besitzen.

3) Die Bedingungen im Satz 9.1.6 sind nur hinreichend für Integrierbarkeit. Jedoch genügt die Beschränktheit der Funktion (die ja notwendig ist) allein nicht. Dies zeigt etwa das Beispiel

$$f(x) = \begin{cases} -1, & x \in [0,1] \text{ und } x \text{ rational} \\ +1, & x \in [0,1] \text{ und } x \text{ irrational.} \end{cases}$$

Wählen wir

$$\mathcal{Z}_n = \left\{0, \frac{1}{n}, \frac{2}{n}, \cdots, \frac{n-1}{n}, 1\right\},$$

so gilt für jedes n

$$\underline{S}(\mathcal{Z}_n) = -1 \quad \text{und} \quad \bar{S}(\mathcal{Z}_n) = 1,$$

da in jedem Intervall der Länge $\frac{1}{n}$ immer eine rationale und eine irrationale Zahl liegen. Damit ist f beschränkt, aber nicht integrierbar.

∎

Bevor wir um Eigenschaften des Integrals angeben, wollen wir als erste Anwendung die Länge einer Kurve bestimmen.

Im Abschnitt 6.2 (vgl. HMI, S.225) haben wir den Begriff einer Kurve kennengelernt. Betrachten wir zunächst eine Kurve in $\mathbb{R}^2$, gegeben durch

$$\underline{f}(t) = (\, f_1(t), f_2(t)\,), \quad t \in [a,b],$$

wobei $\underline{f}$ differenzierbar, $\underline{f}'$ stetig in $[a,b]$ ist und für alle $t \in [a,b]$ die Beziehung $\underline{f}'(t) \neq \underline{0}$ gilt.

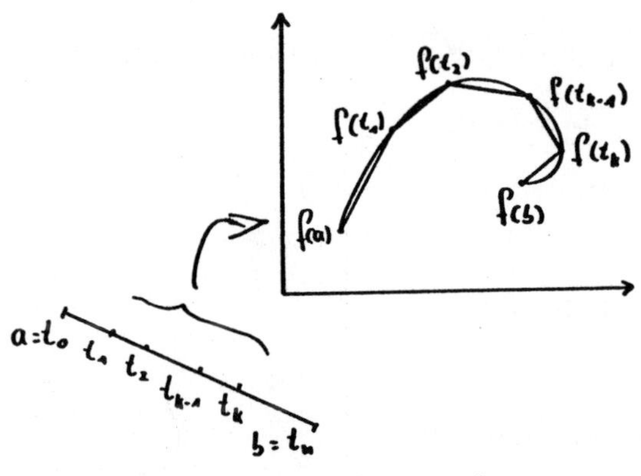

[Fig. 9. 3]

Es sei $\mathcal{Z}_n = \{t_0, t_1, \cdots, t_n\}$ eine Zerlegung des Intervalls $[a,b]$, d. h.

$$a = t_0 < t_1 < \cdots t_{n-1} < t_n = b,$$

dann kann man die Länge ℓ der Kurve offensichtlich durch die Länge ℓ_n des Polygonzuges approximieren.

Also gilt

$$\ell \approx \ell_n = \sum_{k=1}^{n} \sqrt{[f_1(t_k) - f_1(t_{k-1})]^2 + [f_2(t_k) - f_2(t_{k-1})]^2}.$$

Mit dem Mittelwertsatz der Differentialrechnung folgt für geeignete $\xi_k,\ \eta_k \in [t_{k-1}, t_k]$ zunächst

$$\ell \approx \ell_n = \sum_{k=1}^{n} \sqrt{f_1'(\xi_k)^2 + f_2'(\eta_k)^2}(t_k - t_{k-1}).$$

Wegen der geforderten Stetigkeit der Ableitung kann man sehr leicht beweisen, daß für jede Zerlegungsfolge $(\mathcal{Z}_n)_{n\in\mathbb{N}}$ gilt

$$\ell = \lim_{n\to\infty} \ell_n = \int_a^b \sqrt{f_1'(t)^2 + f_2'(t)^2}\, dt.$$

Deshalb definieren wir ganz allgemein:

Definition 9.1.8:

Es sei $\underline{f}(t) = (f_1(t), \cdots, f_m(t))$ in $[a,b]$ differenzierbar, $\underline{f}'(t)$ in $[a,b]$ stetig, und für alle $t \in [a,b]$ gelte $\underline{f}'(t) \neq \underline{0}$; sei also durch $\underline{f}$ eine Kurve $\mathcal{K}$ im $\mathbb{R}^m$ dargestellt. Dann heißt

$$\ell(\mathcal{K}) = \int_a^b \sqrt{f_1'(t)^2 + f_2'(t)^2 + \cdots + f_m'(t)^2}\, dt = \int_a^b |\underline{f}'(t)| dt$$

die Bogenlänge oder Länge der Kurve $\mathcal{K}$.

∎

Beispiel 9.1.9:

1) Gesucht ist die Länge der Kurve

$$\underline{f}(t) = (t, t^2), \quad t \in [0,1].$$

Nach der obigen Definition erhalten wir

$$\ell(\mathcal{K}) = \int_0^1 \sqrt{1 + 4t^2} dt.$$

Später werden wir Methoden zur Berechnung derartiger Integrale kennenlernen.

2) Gesucht ist die Länge des Kreisbogens auf dem Einheitskreis von 0 bis zu einem Winkel φ.

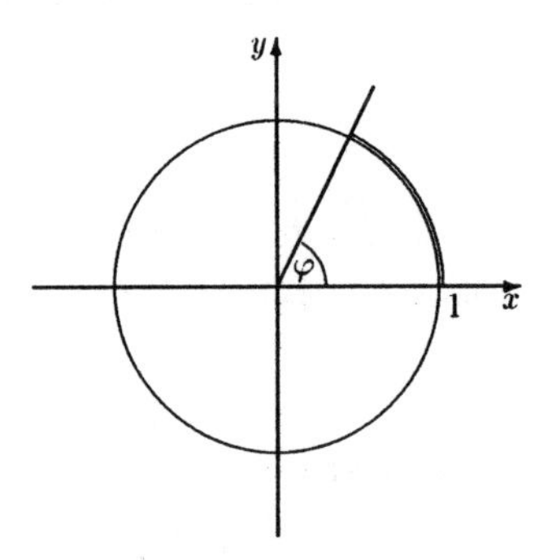

[Fig. 9. 4]

Die Kreiskurve lautet $\underline{f}(t) = (\cos t, \sin t)$ und die Bogenlänge ist

$$\ell(\mathcal{K}) = \int_0^{\varphi} \sqrt{(-\sin t)^2 + (\cos t)^2} dt = \int_0^{\varphi} 1\, dt = \varphi,$$

da dieses Integral die Fläche der konstanten Funktion 1 über den Intervall $[0, \varphi]$ ausdrückt.

Wegen $\cos 2\pi = \cos 0$, $\sin 2\pi = \sin 0$ gilt insbesondere $\underline{f}(2\pi) = \underline{f}(0)$ und folgt für den Umfang des somit geschlossenen Kreises

$$\ell(\text{Einheitskreis}) = 2\pi.$$

IX. 2. Wichtige Eigenschaften des Riemann–Integrals

Bisher haben wir

$$\int_a^b f\,dx \quad \text{für} \quad a < b$$

betrachtet. Ist $a > b$, so verabreden wir nun

Definition 9.2.1:

Ist f auf $[a, b]$ integrierbar, so definieren wir

$$\int_b^a f\,dx := -\int_a^b f\,dx.$$

Insbesondere gilt damit

$$\int_a^a f\,dx = 0.$$

∎

Satz 9.2.2:

Es seien $f,\ g : [a, b] \to \mathbb{R}$ integrierbar, $\gamma \in \mathbb{R}$, dann gilt:

1) $f + g$ ist integrierbar und es gilt

$$\int_a^b (f+g)dx = \int_a^b f\,dx + \int_a^b g\,dx.$$

2) γf ist integrierbar und es gilt

$$\int_a^b \gamma f\,dx = \gamma \int_a^b f\,dx.$$

3) Ist $a < c < b$, so gilt

$$\int_a^b f\,dx = \int_a^c f\,dx + \int_c^b f\,dx.$$

4) Mit f ist $|f|$ auch integrierbar und es gilt

$$\left|\int_a^b f\,dx\right| \leq \int_a^b |f|\,dx.$$

Beweis:

Zu 1): Für eine Zerlegung Z gilt im k-ten Intervall

$$\bar{M}_k(f+g) \leq \bar{M}_k(f) + \bar{M}_k(g)$$

und

$$\underline{M}_k(f) + \underline{M}_k(g) \leq \underline{M}_k(f+g),$$

womit dann sofort für eine Zerlegungsfolge $(Z_n)_{n\in N}$

$$\underline{S}_f(Z_n) + \underline{S}_g(Z_n) \leq \underline{S}_{f+g}(Z_n) \leq \bar{S}_{f+g}(Z_n) \leq \bar{S}_f(Z_n) + \bar{S}_g(Z_n)$$

folgt. Dies liefert die Behauptung ($n \to \infty$).

Zu 2): Analog zu 1).

Zu 3): Den Beweis erhält man durch Aufteilung des Intervalls, indem man eine Zerlegungsfolge $(Z_n)_{n\in N}$ betrachtet mit $c \in Z_n$ für alle n.

Zu 4): Zunächst überlegt man sich (mit einer Fallunterscheidung) für eine Zerlegung Z folgende Beziehung für das k-te Teilintervall:

$$0 \leq \bar{M}_k(|f|) - \underline{M}_k(|f|) \leq \bar{M}_k(f) - \underline{M}_k(f).$$

Daraus folgt für eine Zerlegungsfolge $(Z_n)_{n\in N}$ sofort

$$0 \leq \bar{S}_{|f|}(Z_n) - \underline{S}_{|f|}(Z_n) \leq \bar{S}_f(Z_n) - \underline{S}_f(Z_n) \longrightarrow 0, \quad (n \to \infty).$$

Somit folgt

$$\lim_{n\to\infty} \bar{S}_{|f|}(Z_n) = \lim_{n\to\infty} \underline{S}_{|f|}(Z_n)$$

und damit ist $|f|$ integrierbar. Außerdem gilt

$$\bar{M}_k(f) \leq \bar{M}_k(|f|) \quad \text{und} \quad \bar{M}_k(-f) \leq \bar{M}_k(|f|)$$

und damit

$$\bar{S}_f(Z_n) \leq \bar{S}_{|f|}(Z_n) \quad \text{und} \quad \bar{S}_{-f}(Z_n) \leq \bar{S}_{|f|}(Z_n),$$

woraus durch Grenzübergang

$$\left| \int_a^b f\,dx \right| \leq \int_a^b |f|\,dx$$

folgt. ∎

<u>**Satz 9.2.3:**</u>

Es sei $f : [a,b] \longrightarrow I\!R$ stetig, $m = \min_{x\in[a,b]} f(x)$ und $M = \max_{x\in[a,b]} f(x)$. Dann gilt

$$m(b-a) \leq \int_a^b f\,dx \leq M(b-a).$$

<u>Beweis:</u>

Es sei $\mathcal{Z} = \{x_0, x_1, \cdots, x_n\}$ irgendeine Zerlegung von $[a,b]$, dann gilt

$$\begin{aligned} m(b-a) &\leq \sum_{k=1}^{n} \underline{M}_k(f)(x_k - x_{k-1}) = \underline{S}(\mathcal{Z}) \leq \bar{S}(\mathcal{Z}) \\ &= \sum_{k=1}^{n} \bar{M}_k(f)(x_k - x_{k-1}) \leq M(b-a). \end{aligned}$$

Dies liefert mit der Wahl einer Zerlegungsfolge $(\mathcal{Z}_n)_{n\in N}$ und dem Grenzübergang $n \to \infty$ die Behauptung.

Geometrische Veranschaulichung:

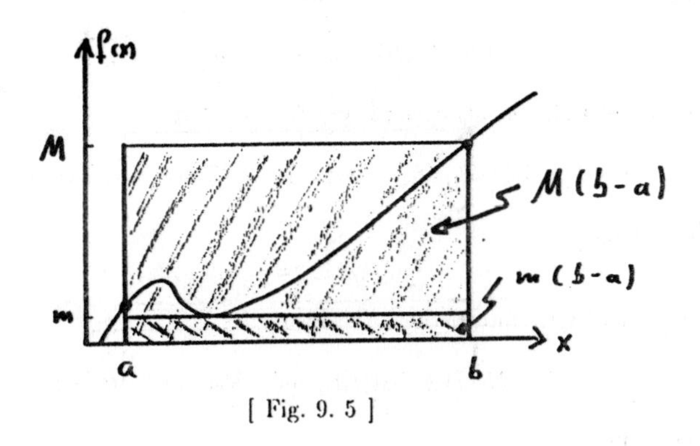

[Fig. 9. 5]

∎

<u>**Satz 9.2.4 (Mittelwertsatz der Integralrechnung):**</u>

Es sei $f : [a,b] \longrightarrow I\!R$ stetig. Dann gibt es ein $c \in [a,b]$ mit

$$\int_a^b f\,dx = f(c)(b-a).$$

Beweis:

Ist m das Minimum und M das Maximum von f auf $[a, b]$, dann gilt nach Satz 9.2.3

$$m(b-a) \leq \int_a^b f\,dx \leq M(b-a),$$

daraus folgt

$$m \leq \underbrace{\frac{1}{b-a} \int_a^b f\,dx}_{:=\eta} \leq M.$$

Nach dem Zwischenwertsatz (Satz 5.3.6) gibt es ein $c \in [a, b]$ mit $f(c) = \eta$, d. h.

$$\int_a^b f\,dx = f(c)(b-a).$$

∎

Mit diesem Satz können wir nun sehr leicht den nächsten Satz beweisen.

Satz 9.2.5:

Es sei $f,\ g : [a, b] \longrightarrow \mathbb{R}$ stetig und für alle $x \in [a, b]$ gelte $f(x) \leq g(x)$. Dann gilt

$$\int_a^b f\,dx \leq \int_a^b g\,dx.$$

Beweis:

Es gilt nach Satz 9.2.4

$$\int_a^b f\,dx - \int_a^b g\,dx = \int_a^b (f-g)\,dx = \underbrace{(f-g)(c)}_{\leq 0} \cdot (b-a).$$

Daraus folgt die Behauptung.

∎

Bemerkung 9.2.6:

Wegen $f \leq |f|$ und $-f \leq |f|$ ergibt sich aus dem Satz 9.2.5 für stetige Funktionen sofort wieder die Ungleichung von Satz 9.2.2 Punkt 4).

IX. 3. Der Zusammenhang von Differential– und Integralrechnung

Es sei $f : [a,b] \to I\!R$ stetig und $x \in [a,b]$. Wir definieren eine neue Funktion $F : [a,b] \to I\!R$ durch

$$F(x) = \int_a^x f\,dy.$$

Dann gilt der

<u>**Satz 9.3.1:**</u>

Es sei f stetig in $[a,b]$. Dann ist F differenzierbar in $[a,b]$ und es gilt

$$F'(x) = f(x), \qquad x \in [a,b].$$

<u>Beweis:</u>

Es ist für genügend kleines h

$$\begin{aligned}\frac{F(x+h)-F(x)}{h} &= \frac{\int_a^{x+h} f\,dy - \int_a^x f\,dy}{h} \\ &= \frac{1}{h}\int_x^{x+h} f\,dy = \frac{1}{h}f(c)\cdot h = f(c) \quad \text{mit } |x-c| \le |h|.\end{aligned}$$

Mit $h \to 0$ geht $c \to x$ und wegen der Stetigkeit von f folgt die Behauptung.

∎

Dies führt uns auf folgende

<u>**Definition 9.3.2:**</u>

Es sei $f : [a,b] \to I\!R$ stetig und $F : [a,b] \to I\!R$ differenzierbar. F heißt Stammfunktion von f, wenn $F' = f$ gilt.

∎

<u>**Satz 9.3.3:**</u>

Ist F eine Stammfunktion von f, dann ist für jedes $c \in I\!R$ auch $F + c$ eine Stammfunktion.

<u>Beweis:</u>

Da F differenzierbar ist, ist auch $F + c$ differenzierbar mit $(F+c)' = F' = f$.

∎

Umgekehrt gilt der

Satz 9.3.4:

Sind F_1, F_2 auf dem Intervall $[a, b]$ Stammfunktionen von f, dann gibt es eine Konstante $c \in \mathbb{R}$ mit $F_1 = F_2 + c$.

Beweis:

Es gilt $F_1' = F_2' = f$ auf $[a, b]$, also $(F_1 - F_2)' = 0$, da F_1, F_2 zwei Stammfunktionen von f sind. Daraus folgt mit dem Satz 8.1.4 die Behauptung.

∎

Kennt man zu f also irgendeine Stammfunktion (etwa durch umgekehrtes Lesen der Ableitungstabellen), so hat man auf diese Weise eine Lösung des Inhaltsproblems gefunden. Genauer gilt der

Satz 9.3.5 (Hauptsatz der Differential- und Integralrechnung):

Es sei f stetig in $[a, b]$ und F eine Stammfunktion von f. Dann gilt

$$\boxed{\int_a^b f\,dx = F(b) - F(a)}.$$

Beweis:

Da $\int_a^x f\,dy$ eine Stammfunktion von f ist, gibt es dann nach Satz 9.3.4 ein $c \in \mathbb{R}$ mit

$$F(x) = \int_a^x f\,dy + c.$$

Daraus folgt zunächst für $x = a$ $F(a) = c$ und damit dann sofort

$$F(b) = \int_a^b f\,dy + F(a).$$

∎

Beispiel 9.3.6:

Wir können nun das Beispiel 9.1.9 Punkt 1) lösen und die Länge der Kurve bestimmen. Es war

$$\ell(\mathcal{K}) = \int_0^1 \sqrt{1 + 4t^2}dt,$$

also

$$f(t) = \sqrt{1 + 4t^2}.$$

Die Funktion

$$F(t) = \frac{1}{4}\left[2t\sqrt{1+4t^2} + \operatorname{arsinh} 2t\right]$$

ist eine Stammfunktion (zunächst „geraten"!!). Denn es gilt

$$\begin{aligned} F'(t) &= \frac{1}{4}\left[2\sqrt{1+4t^2} + t\frac{8t}{\sqrt{1+4t^2}} + \frac{2}{\sqrt{1+(2t)^2}}\right] \\ &= \frac{1}{4}\cdot\frac{2(1+4t^2)+8t^2+2}{\sqrt{1+4t^2}} = f(t). \end{aligned}$$

Damit erhalten wir mit Satz 9.3.5 und Satz 7.4.5 i):

$$\begin{aligned} \ell(\mathcal{K}) &= \int_0^1 \sqrt{1+4t^2}dt = \frac{1}{4}\left[2t\sqrt{1+4t^2} + \operatorname{arsinh} 2t\right]\Big|_0^1 \\ &= \frac{1}{4}\left[2\sqrt{5} + \operatorname{arsinh} 2\right] = \frac{\sqrt{5}}{2} + \frac{1}{4}\ln(2+\sqrt{5}). \end{aligned}$$

∎

Im weiteren wollen wir uns nun mit Methoden beschäftigen, die in gewissen Fällen das Auffinden einer Stammfunktion auf systematische Weise gestatten.

IX. 4. Integrationsmethoden

Als Grundintegrale wollen wir solche Funktionen bezeichnen, die sich durch umgekehrtes Lesen der Differentiationstabelle ergeben. Z. B. ist die Ableitung von $F(x) = x^{n+1}$ durch $(n+1)x^n = f(x)$ gegeben und somit x^{n+1} eine Stammfunktion zu $(n+1)x^n$. Damit ist dann $\frac{x^{n+1}}{n+1}$ eine Stammfunktion zu x^n $(n \in \mathbb{Z} \setminus \{-1\})$. Nun wollen wir Verfahren besprechen, die jeweils in einer Vielzahl von Fällen eine Rückführung auf Grundintegrale ermöglichen.

(1): Addition der Null.

Beispiel 9.4.1:

$$\begin{aligned}\int \frac{x^2}{1+x^2}dx &= \int \frac{x^2+1-1}{1+x^2}dx = \int dx - \int \frac{1}{1+x^2}dx \\ &= x - \arctan x.\end{aligned}$$

Also ist $F(x) = x - \arctan x$ eine Stammfunktion.

(2): Die Ableitung der Funktion tritt im Integranden auf.

Beispiel 9.4.2:

1) $\int f^n f' dx = \frac{f^{n+1}}{n+1}, \quad n \in \mathbb{Z} \setminus \{-1\}.$

2) $\int \frac{f'}{f}dx = \ln|f|$ gilt in einem Intervall, wo $f \neq 0$ ist.

Beweis:

Ist $f > 0$, so ist $(\ln|f|)' = (\ln f)' = \frac{f'}{f}$. Ist $f < 0$, so ist $(\ln|f|)' = [\ln(-f)]' = \frac{f'}{f}$. ∎

Beispiel:

$$\begin{aligned}\int \tanh x\, dx &= \int \frac{\sinh x}{\cosh x}dx = \int \frac{(\cosh x)'}{\cosh x}dx \\ &= \ln|\cosh x| = \ln \cosh x,\end{aligned}$$

weil $\cosh x > 0$ für alle $x \in \mathbb{R}$ ist.

Oder $\int \tan x = \int \frac{\sin x}{\cos x} = \int \frac{(-\cos)'}{\cos x}dx = -\ln|\cos x|.$

(3): Die Substitutionsmethode.

Satz 9.4.3:

Es sei $g : [a,b] \to \mathbb{R}$ stetig differenzierbar und $f : I \to \mathbb{R}$ stetig mit $I \supset g([a,b])$, dann gilt

$$\int_a^b f(g(x))g'(x)dx = \int_{g(a)}^{g(b)} f(y)dy.$$

Beweis:

Die Funktion $(f \circ g) \cdot g'$ ist in $[a,b]$ stetig. Sei nun F eine Stammfunktion von f auf $[a,b]$, dann gilt einerseits

$$\int_{g(a)}^{g(b)} f(y)dy = F(g(b)) - F(g(a)).$$

Außerdem ist

$$(F \circ g)' = (F' \circ g) \cdot g' = (f \circ g) \cdot g'.$$

Damit ist $F \circ g$ eine Stammfunktion von $(f \circ g) \cdot g'$ und deshalb gilt andererseits auch

$$\int_a^b (f \circ g) \cdot g'dx = F(g(b)) - F(g(a)),$$

womit die Behauptung folgt.

∎

Beispiel 9.4.4:

1)
$$\int_0^1 (x+2)\sin(x^2+4x-6)dx = \frac{1}{2}\int_0^1 \underbrace{(2x+4)}_{g'}\underbrace{\sin(\overbrace{x^2+4x-6}^{g})}_{f \circ g} dx$$

$$= \frac{1}{2}\int_{g(0)}^{g(1)} \sin(y)dy = -\frac{1}{2}\cos y\Big|_{g(0)}^{g(1)} = -\frac{1}{2}[\cos(-1) - \cos(-6)].$$

2)

$$\int_a^b \frac{1}{\sqrt{4-x^2}}dx = \int_a^b \frac{dx}{2\sqrt{1-(\frac{x}{2})^2}}$$

$$\left(g(x) = \frac{x}{2},\ g'(x) = \frac{1}{2},\ f(y) = \frac{1}{\sqrt{1-y^2}} \right)$$

$$= \int_{\frac{a}{2}}^{\frac{b}{2}} \frac{dy}{\sqrt{1-y^2}} = \arcsin y\Big|_{\frac{a}{2}}^{\frac{b}{2}} = \arcsin\frac{b}{2} - \arcsin\frac{a}{2}.$$

(4): Partielle Integration.

Satz 9.4.5:

Es seien f, g in $[a,b]$ stetig differenzierbar. Dann gilt

$$\int_a^b f' \cdot g dx = f \cdot g \Big|_a^b - \int_a^b f \cdot g' dx.$$

Beweis:

Da $(f \cdot g)' = f' \cdot g + f \cdot g'$ ist, gilt also

$$\int_a^b (f' \cdot g + f \cdot g') dx = f \cdot g \Big|_a^b .$$

Dies liefert die Behauptung.

∎

Beispiel 9.4.6:

1)

$$\begin{aligned} \int_1^4 \ln x \, dx &= \int_1^4 1 \cdot \ln x \, dx \qquad (f' = 1, \ g = \ln x) \\ &= x \ln x|_1^4 - \int_1^4 1 \, dx = 8 \ln 2 - 3. \end{aligned}$$

2) Man bestimme $I = \int_{-\pi}^{\pi} \cos \alpha x \cdot \cos \beta x \, dx, \quad \alpha, \beta \neq 0, \ \pm\alpha \neq \beta.$

Lösung:

$$\begin{aligned} I &= \int_{-\pi}^{\pi} \underbrace{\cos \alpha x}_{f'} \cdot \underbrace{\cos \beta x}_{g} \, dx \\ &= \frac{1}{\alpha} \sin \alpha x \cdot \cos \beta x \Big|_{-\pi}^{\pi} + \frac{\beta}{\alpha} \underbrace{\int_{-\pi}^{\pi} \sin \alpha x \cdot \sin \beta x \, dx}_{=:J} \\ J &= -\frac{1}{\alpha} \cos \alpha x \cdot \sin \beta x \Big|_{-\pi}^{\pi} + \frac{\beta}{\alpha} \underbrace{\int_{-\pi}^{\pi} \cos \alpha x \cdot \cos \beta x \, dx}_{=I} . \end{aligned}$$

Damit folgt

$$I(1 - \frac{\beta^2}{\alpha^2}) = \frac{1}{\alpha} \sin \alpha x \cdot \cos \beta x \Big|_{-\pi}^{\pi} - \frac{\beta}{\alpha^2} \cos \alpha x \cdot \sin \beta x \Big|_{-\pi}^{\pi} .$$

Dies kann im Fall $\alpha \neq \beta$ nach I aufgelöst werden. Insbesondere erhalten wir für $\alpha, \beta \in \mathbb{N}$ mit $\alpha \neq \beta$

$$I = \frac{1}{1 - \frac{\beta^2}{\alpha^2}} \left[\frac{1}{\alpha} \cdot 0 - \frac{\beta}{\alpha^2} \cdot 0 \right] = 0.$$

Für $\alpha = \beta \in \mathbb{N}$ ergibt sich vermöge Additionstheorem von *cos* und vermöge der Formel von Pythagoras (HMI, Satz 7.3.3):

$$\begin{aligned} \int_{-\pi}^{\pi} \cos^2 \alpha x \, dx &= \int_{-\pi}^{\pi} \frac{\cos 2\alpha x + 1}{2} dx = \frac{1}{2} \left[\int_{-\pi}^{\pi} \cos 2\alpha x \, dx + \int_{-\pi}^{\pi} dx \right] \\ &= \frac{1}{2} \left[\frac{1}{2\alpha} \sin 2\alpha x \Big|_{-\pi}^{\pi} + x \Big|_{-\pi}^{\pi} \right] = \pi. \end{aligned}$$

∎

An dieser Stelle merken wir für später an, daß gilt:

Bemerkung 9.4.7:

Es gilt für $\alpha, \beta \in \mathbb{N}$:

1) $\displaystyle\int_{-\pi}^{\pi} \cos \alpha x \, \cos \beta x \, dx = \begin{cases} 0, & \text{falls } \alpha \neq \beta \\ \pi, & \text{falls } \alpha = \beta. \end{cases}$

2) $\displaystyle\int_{-\pi}^{\pi} \sin \alpha x \, \sin \beta x \, dx = \begin{cases} 0, & \text{falls } \alpha \neq \beta \\ \pi, & \text{falls } \alpha = \beta. \end{cases}$

3) $\displaystyle\int_{-\pi}^{\pi} \sin \alpha x \, \cos \beta x \, dx = 0.$

∎

(5): Die Integration rationaler Funktionen (Partialbruchzerlegung).

In diesem Abschnitt betrachten wir Integrale der Form

$$\int_a^b \frac{P(x)}{Q(x)} dx,$$

wobei P, Q Polynome sind. Dabei seien zunächst P und Q als teilerfremd vorausgesetzt, d. h.: es gibt kein nichtkonstantes Polynom A, so daß $P = A \cdot B$ und $Q = A \cdot C$ für geeignete Polynome B und C gilt.

Ist $\boxed{\text{Grad}(P) \geq \text{Grad}(Q)}$, so wendet man zunächst Polynomdivision an, d. h. $P = Q \cdot A + R$, wobei A, R Polynome sind und Grad(R) <Grad(Q) ist. Dies liefert dann

$$\frac{P}{Q} = A + \frac{R}{Q}.$$

$\int A(x)\,dx$ ist leicht zu integrieren. Wir beschäftigen uns deshalb mit $\boxed{\text{eigentlichen}}$ rationalen Funktionen

$$\frac{R(x)}{Q(x)}, \qquad \text{wobei Grad}(R) < \text{Grad}(Q) \text{ ist.}$$

Es sei Grad$(Q) = n$, nach dem Fundamentalsatz der Algebra gilt:

$$Q(x) = C(x - z_1)(x - z_2)\cdots(x - z_n),$$

wenn $z_1, z_2, \cdots, z_n \in \mathbb{C}$ die Nullstellen von Q (gemäß ihren Vielfachheiten oft genannt) bezeichnen. Andererseits ist

$$Q(x) = a_0 + a_1 x + a_2 x^2 + \cdots + a_n x^n, \quad a_n \neq 0,\ a_j \in \mathbb{R},\ j = 1, \cdots, n$$

ein reelles Polynom. Ist etwa $z_j \notin \mathbb{R}$ eine Nullstelle, so ist auch $\bar{z}_j$ eine Nullstelle; denn es gilt

$$Q(z_j) = 0 = \bar{0} = \overline{Q(z_j)} = Q(\bar{z}_j).$$

Damit treten dann Faktoren der Form

$$(x - z_j)(x - \bar{z}_j) = x^2 - x(\bar{z}_j + z_j) + z_j\bar{z}_j = x^2 - 2x\,\text{Re}\,z_j + |z_j|^2.$$

zu jeder nicht reellen Nullstelle auf.

Seien nun etwa $\xi_1, \cdots, \xi_s$ die verschiedenen reellen Nullstellen mit den Vielfachheiten $k_1, \cdots, k_s$ und $\eta_1, \bar{\eta}_1, \cdots, \eta_t, \bar{\eta}_t$ die nicht reellen Nullstellen mit den Vielfachheiten $l_1, \cdots, l_t$, so ergibt sich für Q die Darstellung

$$Q(x) = C(x - \xi_1)^{k_1} \cdots (x - \xi_s)^{k_s}(x^2 - 2\text{Re}\,\eta_1 x + |\eta_1|^2)^{l_1} \cdots (x^2 - 2\text{Re}\,\eta_t x + |\eta_t|^2)^{l_t}$$

bzw. falls wir noch $\beta_i = -2\text{Re}\,\eta_i$, $\gamma_i = |\eta_i|^2$ mit $\beta_i^2 - 4\gamma_i < 0$ setzen:

$$Q(x) = C(x - \xi_1)^{k_1} \cdots (x - \xi_s)^{k_s}(x^2 + \beta_1 x + \gamma_1)^{l_1} \cdots (x^2 + \beta_t x + \gamma_t)^{l_t}$$

mit $k_1 + k_2 + \cdots + k_s + 2l_1 + \cdots + 2l_t = n$. Dann kann man beweisen, daß die folgende $\boxed{\text{Partialbruchdarstellung}}$ von $\dfrac{R}{Q}$ eindeutig bestimmt ist:

$$
\begin{aligned}
\frac{R}{Q} &= \frac{A_{11}}{x-\xi_1} + \frac{A_{12}}{(x-\xi_1)^2} + \cdots + \frac{A_{1k_1}}{(x-\xi_1)^{k_1}} \\
&+ \frac{A_{21}}{x-\xi_2} + \frac{A_{22}}{(x-\xi_2)^2} + \cdots + \frac{A_{2k_2}}{(x-\xi_2)^{k_2}} \\
&\quad \cdots\cdots \\
&+ \frac{A_{s1}}{x-\xi_s} + \frac{A_{s2}}{(x-\xi_s)^2} + \cdots + \frac{A_{sk_s}}{(x-\xi_s)^{k_s}} \\
&+ \frac{B_{11}x+C_{11}}{x^2+\beta_1 x+\gamma_1} + \frac{B_{12}x+C_{12}}{(x^2+\beta_1 x+\gamma_1)^2} + \cdots + \frac{B_{1l_1}x+C_{1l_1}}{(x^2+\beta_1 x+\gamma_1)^{l_1}} \\
&\quad \cdots\cdots \\
&+ \frac{B_{t1}x+C_{t1}}{x^2+\beta_t x+\gamma_t} + \frac{B_{t2}x+C_{t2}}{(x^2+\beta_t x+\gamma_t)^2} + \cdots + \frac{B_{tl_t}x+C_{tl_t}}{(x^2+\beta_t x+\gamma_t)^{l_t}},
\end{aligned}
$$

wobei $A_{11},\cdots,A_{sk_s}; B_{11},\cdots,B_{tl_t}; C_{11},\cdots,C_{tl_t} \in \mathbb{R}$ sind.

Nun kommen wir zur Berechnung von $A_{11},\cdots,B_{11},\cdots,C_{tl_t}$ in der obigen Darstellung. Multiplizieren wir die beiden Seiten der obigen Gleichung mit $Q(x)$, so erhalten wir

$$R(x) = \langle A_{11},\cdots,B_{11},\cdots,C_{tl_t}\rangle(x). \qquad (*)$$

Dann können wir die beiden folgenden Verfahren benutzen:

(a): Koeffizientenvergleich :

Beispiel 9.4.8:

Man finde die Partialbruchdarstellung von

$$\frac{R(x)}{Q(x)} = \frac{x^3+6x^2+3x+1}{(x-1)^3(x^2+x+1)}.$$

Lösung:

1): Ansatz:

$$\frac{x^3+6x^2+3x+1}{(x-1)^3(x^2+x+1)} = \frac{A}{x-1} + \frac{B}{(x-1)^2} + \frac{C}{(x-1)^3} + \frac{Dx+E}{x^2+x+1}.$$

2): Multipliziere die beiden Seiten mit $Q(x)$. Also gilt

$$
\begin{aligned}
x^3+6x^2+3x+1 &= A(x-1)^2(x^2+x+1) + B(x-1)(x^2+x+1) \\
&\quad + C(x^2+x+1) + (Dx+E)(x-1)^3.
\end{aligned}
$$

3): Koeffizientenvergleich:

$$\begin{aligned}
x^4 &: 0 = A + D, \\
x^3 &: 1 = -2A + A + B - 3D + E = -A + B - 3D + E, \\
x^2 &: 6 = A - 2A + A - B + B + C + 3D - 3E = C + 3D - 3E, \\
x^1 &: 3 = -A + C - D + 3E, \\
x^0 &: 1 = A - B + C - E
\end{aligned}$$

Dies ist ein lineares Gleichungssystem mit 5 Gleichungen und 5 Unbekannten. Da die entsprechende Matrix nichtsingulär ist, hat das System ein eindeutige Lösung:

$$A = -\frac{5}{9},\quad B = \frac{7}{3},\quad C = \frac{11}{3},\quad D = \frac{5}{9},\quad E = -\frac{2}{9}.$$

∎

(b): Setze in (*) einige x-Werte ein.

Z. B. kann man im Beispiel 9.4.8 folgenden Prozeß durchführen:

$$\begin{aligned}
x &= 1 \qquad & 11 &= 3C, \\
x &= 0 \qquad & 1 &= A - B + C - E,
\end{aligned}$$

usw.

Hier kann durch ungeschickte Wahl der x-Werte im Gleichungssystem lineare Abhängigkeit auftreten! Dann muß man eben noch den einen oder anderen x-Wert zusätzlich einsetzen. So können wir auch ein Gleichungssystem erhalten, mit welchem $A_{11}, \cdots, B_{11}, \cdots, C_{tl_t}$ eindeutig bestimmt werden.

Natürlich kann man (a) und (b) kombiniert benutzen.

Nun kommen wir zur Integration eigentlicher rationalen Funktionen zurück. Nach der Partialbruchzerlegung müssen wir zur Berechnung von $\int \frac{R(x)}{Q(x)}dx$ nur Integrale der Form

$$\int \frac{dx}{(x - x_0)^k} \qquad \text{für } k = 1, 2, \cdots$$

und

$$\int \frac{Ax + B}{(x^2 + \beta x + \gamma)^k}dx \qquad \text{für } k = 1, 2, \cdots$$

berechnen.

Ist im <u>ersten Fall</u> $k = 1$, so gilt

$$\int \frac{dx}{x - x_0} = \ln|x - x_0|$$

und für $k \geq 2$ gilt

$$\int \frac{dx}{(x - x_0)^k} = \frac{-1}{(k-1)(x - x_0)^{k-1}}.$$

Im <u>zweiten Fall</u> betrachten wir mit $\beta^2 - 4\gamma < 0$

$$\begin{aligned} I &= \int \frac{Ax + B}{(x^2 + \beta x + \gamma)^k} dx = \int \frac{Ax + B}{\left[(x + \frac{\beta}{2})^2 - \frac{\beta^2}{4} + \gamma\right]^k} dx \\ &= \int \frac{Ax + B}{\lambda^{2k}\left[\left(\frac{x + \frac{\beta}{2}}{\lambda}\right)^2 + 1\right]^k} dx, \end{aligned}$$

wobei $\lambda = \sqrt{\gamma - \frac{\beta^2}{4}}$ ist. Nun substituieren wir $y = \dfrac{x + \frac{\beta}{2}}{\lambda}$, also ist $x = \lambda y - \frac{\beta}{2}$ und $dx = \lambda dy$, dann erhalten wir

$$\begin{aligned} I &= \frac{1}{\lambda^{2k}} \int \frac{[A(\lambda y - \frac{\beta}{2}) + B]\lambda}{(y^2 + 1)^k} dy = \int \frac{\tilde{A}y + \tilde{B}}{(y^2 + 1)^k} dy \\ &= \underbrace{\tilde{A} \int \frac{y}{(y^2 + 1)^k} dy}_{:= I_1} + \underbrace{\tilde{B} \int \frac{1}{(y^2 + 1)^k} dy}_{:= I_2}. \end{aligned}$$

I_1 ist nun leicht zu berechnen, also ist

$$\begin{aligned} I_1 &= \frac{1}{2} \int \frac{2y}{(y^2 + 1)^k} dy \qquad (u := y^2) \\ &= \frac{1}{2} \int \frac{du}{(u + 1)^k} = \begin{cases} \frac{1}{2} \ln|u + 1|, & k = 1 \\ \frac{-1}{2(k-1)(u + 1)^{k-1}}, & k \geq 2. \end{cases} \end{aligned}$$

Für I_2 muß man rekursiv vorgehen:

Ist $k > 1$, so gilt

$$I_2 = \int \frac{1 + y^2 - y^2}{(1 + y^2)^k} dy = \underbrace{\int \frac{1}{(1 + y^2)^{k-1}} dy}_{:= I_3} - \underbrace{\int \frac{y^2}{(1 + y^2)^k} dy}_{:= I_4}.$$

I_3 ist vom gleichen Typ wie I_2, jedoch ist die Potenz k um Eins erniedrigt.

$$I_4 = \frac{1}{2} \int y \frac{2y}{(1 + y^2)^k} dy$$

$$= \frac{1}{2}\left\{y\int\frac{2y}{(1+y^2)^k}dy - \int\left[\int\frac{2y}{(1+y^2)^k}dy\right]dy\right\}$$
$$= \frac{1}{2}y\frac{-1}{(k-1)(1+y^2)^{k-1}} + \frac{1}{2}\int\frac{1}{(k-1)(1+y^2)^{k-1}}dy.$$

Das letzte Integral ist wieder vom gleichen Typ wie I_2, jedoch ist die Potenz k um Eins erniedrigt. Dieses Verfahren setzt man so lange fort, bis die Potenz auf $k = 1$ reduziert ist. Dann gilt für I_2 im Fall $k = 1$

$$\int\frac{dy}{1+y^2} = \arctan y.$$

Durch Rücksubstitution erhält man das gesuchte Integral.

Beispiel 9.4.9:

$$\int\frac{x^4+1}{x(x^2+1)^2}dx = \int\frac{A}{x}dx + \int\frac{Bx+C}{x^2+1}dx + \int\frac{Dx+E}{(x^2+1)^2}dx.$$

Die Partialbruchzerlegung liefert

$$A = 1, \quad B = C = E = 0, \quad D = -2,$$

also

$$\int\frac{x^4+1}{x(x^2+1)^2}dx = \int\frac{1}{x}dx - 2\int\frac{x}{(1+x^2)^2}dx = \ln|x| - \int\frac{du}{(1+u)^2}$$
$$= \ln|x| + \frac{1}{1+u} = \ln|x| + \frac{1}{1+x^2}.$$

∎

(6): **Die Integration rationaler Funktionen von *sin* und *cos***

$$\int R(\sin x, \cos x)dx$$

sei zu bestimmen. Man substituiert

$$\boxed{y = \tan\frac{x}{2}},$$

also

$$\sin x = 2\sin\frac{x}{2}\cos\frac{x}{2} = 2\frac{\sin\frac{x}{2}\cos\frac{x}{2}}{\sin^2\frac{x}{2}+\cos^2\frac{x}{2}} = 2\frac{\tan\frac{x}{2}}{1+\tan^2\frac{x}{2}} = 2\frac{y}{1+y^2},$$
$$\cos x = \cos(\frac{x}{2}+\frac{x}{2}) = \cos^2\frac{x}{2} - \sin^2\frac{x}{2} = \frac{\cos^2\frac{x}{2}-\sin^2\frac{x}{2}}{\cos^2\frac{x}{2}+\sin^2\frac{x}{2}} = \frac{1-y^2}{1+y^2},$$

Zusammenfassung: $\boxed{\sin x = 2\frac{y}{1+y^2}}$, $\boxed{\cos x = \frac{1-y^2}{1+y^2}}$;

$$\begin{aligned} \frac{dy}{dx} &= \frac{1}{2\cos^2\frac{x}{2}} = \frac{\cos^2\frac{x}{2}+\sin^2\frac{x}{2}}{2\cos^2\frac{x}{2}} = \frac{1+y^2}{2}, \\ dx &= \frac{2}{1+y^2}dy. \end{aligned}$$

Damit wird

$$\int R(\sin x,\ \cos x)dx = \int \bar{R}(y)dy,$$

wobei $\bar{R}$ eine ratonale Funktion bedeutet. Dies Integral wird wie unter (5) behandelt.

Nun sei

$$\int R(\sinh x,\ \cosh x)dx$$

oder (unter Beachtung von $\sinh x = \frac{e^x - e^{-x}}{2}$, $\cosh x = \frac{e^x + e^{-x}}{2}$)

$$\int R(e^x,\ e^{-x})dx$$

zu bestimmen. Substituiert man analog

$$\boxed{y = \tanh\frac{x}{2}},$$

also

$$\boxed{\sinh x = 2\frac{y}{1-y^2}}, \quad \boxed{\cosh x = \frac{1+y^2}{1-y^2}}, \quad dx = \frac{2}{1-y^2}dy,$$

oder substituiert man $y = e^x$, also $e^{-x} = \frac{1}{y}$, $dx = \frac{1}{y}dy$. So erhält man wieder eine rationale Funktion.

Abschließend geben wir (ohne Beweis) noch einen oft nützlichen Satz an, der die Integration von Potenzreihen betrifft.

Satz 9.4.10:

Die Potenzreihe $\sum_{k=0}^{\infty} a_k(x-x_0)^k$ sei in $|x-x_0| < R$ konvergent.

1) Dann konvergiert auch $\sum_{k=0}^{\infty} \frac{a_k}{k+1}(x-x_0)^{k+1}$ in $|x-x_0| < R$ und es gilt

$$\int \sum_{k=0}^{\infty} a_k(x-x_0)^k dx = \sum_{k=0}^{\infty} \int a_k(x-x_0)^k dx = \sum_{k=0}^{\infty} \frac{a_k}{k+1}(x-x_0)^{k+1};$$

2) ferner konvergiert auch $\sum_{k=0}^{\infty} k\, a_k(x-x_0)^{k-1}$ in $|x-x_0|<R$ und es gilt

$$\frac{d}{dx}\sum_{k=0}^{\infty} a_k(x-x_0)^k = \sum_{k=0}^{\infty}\frac{d}{dx}a_k(x-x_0)^k = \sum_{k=1}^{\infty} k\, a_k(x-x_0)^{k-1}.$$

∎

Beispiel 9.4.11:

1) Als Anwendung von Satz 9.4.10 wollen wir hiermit die Taylorreihe von $\arctan x$ in $x_0 = 0$ bestimmen.

Für $|x| < 1$ gilt (geometrische Reihe)

$$\frac{1}{1+x^2} = \sum_{k=0}^{\infty}(-1)^k x^{2k}.$$

Die Integration liefert

$$\int \frac{1}{1+x^2}dx = \arctan x + C = \sum_{k=0}^{\infty}\frac{(-1)^k}{2k+1}x^{2k+1}.$$

Für den Hauptwert gilt $\arctan 0 = 0$, womit $C = 0$ und damit

$$\arctan x = \sum_{k=0}^{\infty}\frac{(-1)^k}{2k+1}x^{2k+1}$$

ist.

2) Darüber hinaus kann man die Potenzreihenentwicklung auch zur — zumindest näherungsweise — Berechnung von Integralen benutzen, die elementar nicht ausführbar sind. Es ist z. B.:

$$\int e^{-x^2}dx = \int \sum_{k=0}^{\infty}\frac{(-1)^k}{k!}x^{2k}dx = \sum_{k=0}^{\infty}\frac{(-1)^k}{(2k+1)k!}x^{2k+1}.$$

IX. 5. Das Inhaltsproblem bei Funktionen mehrerer Veränderlicher

Zunächst wollen wir ein Verfahren angeben, wie man das Volumen eines Drehkörpers mit dem bereits bekannten Verfahren bestimmen kann. Der Drehkörper sei durch Rotation des Graphen von $f(x)$ um die x-Achse erzeugt.

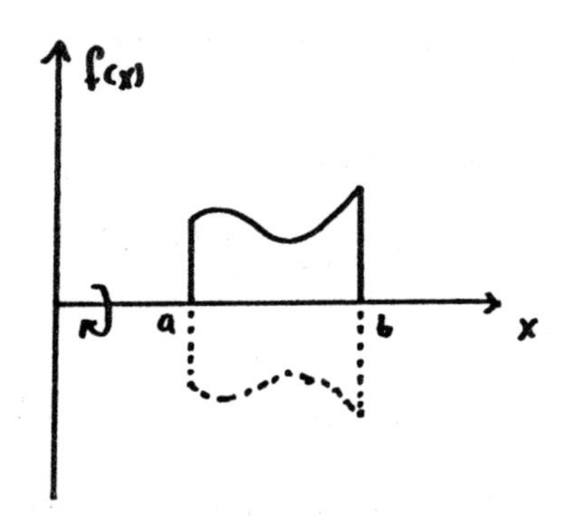

[Fig. 9. 6]

Es sei $(Z_n)_{n\in N}$ eine Zerlegungsfolge von $[a,b]$, f stetig in $[a,b]$ und $f(x) \geq 0$ in $[a,b]$. (Ist die rotierende Kurve $f(x)$ nicht überall größer als Null, so ersetzt man $f(x)$ durch $|f(x)|$ und erhält damit das gleiche Volumen). Dann bilden wir

$$\bar{V}(Z_n) = \sum_{k=1}^{n} \pi \bar{M}_k^2(f)(x_k - x_{k-1}) \qquad \text{und}$$
$$\underline{V}(Z_n) = \sum_{k=1}^{n} \pi \underline{M}_k^2(f)(x_k - x_{k-1}).$$

$\underline{V}$, $\bar{V}$ sind Unter- bzw. Obersumme der integrierbaren Funktion $g(x) = \pi f^2(x)$, welche den Inhalt der zu x gehörenden und durch die Rotation entstandenen Kreisscheibe bezeichnet. Deshalb ist das Volumen

$$V = \pi \int_a^b f^2(x)dx.$$

Nun wollen wir das allgemeine Inhaltsproblem betrachten.

(1): Zweidimensionale Integrale.

Gegeben sei $f(x,y)$, und wir versuchen, das Volumen zwischen Fläche und x-y-Ebene zu bestimmen.

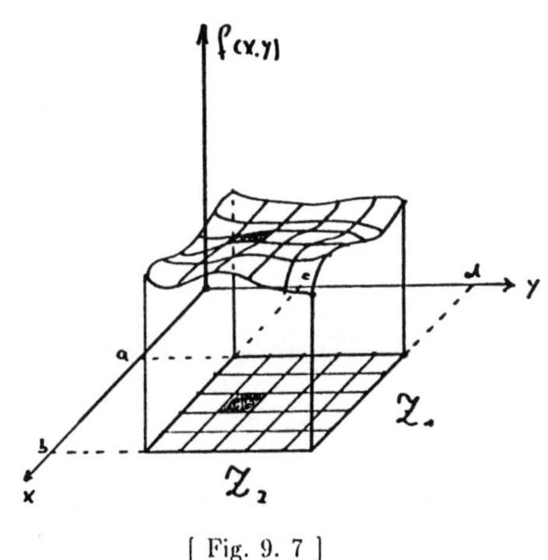

[Fig. 9. 7]

Es sei $R = [a,b] \times [c,d]$ ein Rechteck, Z_1, Z_2 eine Zerlegung von $[a,b]$ bzw. $[c,d]$, $f : R \to \mathbb{R}$ beschränkt. Dann bilden wir

$$\bar{M}_{kl}(f) = \sup_{\substack{x_{k-1} \le x \le x_k \\ y_{l-1} \le y \le y_l}} f(x,y) \quad \text{und} \quad \underline{M}_{kl}(f) = \inf_{\substack{x_{k-1} \le x \le x_k \\ y_{l-1} \le y \le y_l}} f(x,y).$$

Damit bilden wir wieder die Obersumme

$$\bar{S}(Z_1, Z_2) = \sum_k \sum_l \bar{M}_{kl}(x_k - x_{k-1})(y_l - y_{l-1})$$

bzw. Untersumme

$$\underline{S}(Z_1, Z_2) = \sum_k \sum_l \underline{M}_{kl}(x_k - x_{k-1})(y_l - y_{l-1}).$$

Seien (Z_1^n), (Z_2^n) Zerlegungsfolgen von $[a,b]$ bzw. $[c,d]$, Dann gilt wieder

$$\underbrace{\bar{S}(Z_1^n, Z_2^n)}_{\text{monoton fallend}} \geq \underbrace{\underline{S}(Z_1^n, Z_2^n)}_{\text{monoton steigend}} .$$

Somit existieren $\lim\limits_{n\to\infty} \bar{S}(Z_1^n, Z_2^n)$ und $\lim\limits_{n\to\infty} \underline{S}(Z_1^n, Z_2^n)$.

Definition 9.5.1:

Es seien $(\mathcal{Z}_1^n)$, $(\mathcal{Z}_2^n)$ Zerlegungsfolgen von $[a,b]$ bzw. $[c,d]$. Gilt dann für die beschränkte Funktion $f : [a,b] \times [c,d] \to \mathbb{R}$:

$$\lim_{n\to\infty} \underline{S}(\mathcal{Z}_1^n, \mathcal{Z}_2^n) = \lim_{n\to\infty} \bar{S}(\mathcal{Z}_1^n, \mathcal{Z}_2^n) =: I,$$

so heißt $f(x,y)$ auf $R = [a,b] \times [c,d]$ (Riemann–) integrierbar und wir schreiben für I

$$\iint\limits_R f(x,y)dx\,dy \quad \text{oder} \quad \int\limits_R f(x,y)\,d(x,y).$$

∎

Bemerkung 9.5.2:

Man kann für integrierbare Funktionen zeigen, daß I unabhängig von den gewählten Zerlegungsfolgen ist.

∎

Nun besteht aber eine große Schwierigkeit der Integralrechnung bei zwei Variablen darin, daß die Funktionen auf sehr komplizierten Mengen definiert sein können. Formal vereinfachen wir die Situation durch folgende

Definition 9.5.3:

Sei $G \subset \mathbb{R}^2$, $f : G \to \mathbb{R}$, so heißt $f_G : \mathbb{R}^2 \to \mathbb{R}$ mit

$$f_G(x,y) = \begin{cases} f(x,y), & \text{falls } (x,y) \in G \\ 0, & \text{sonst} \end{cases}$$

Erweiterungsfunktion von f auf $\mathbb{R}^2$.

∎

Definition 9.5.4:

Es sei $G \subset \mathbb{R}^2$ beschränkt und R ein Rechteck derart, daß $G \subset R$ ist. Existiert das Integral

$$I = \iint\limits_R f_G(x,y)dx\,dy,$$

so heißt f integrierbar auf G und wir setzen

$$I = \iint\limits_G f(x,y)dx\,dy.$$

Bemerkung 9.5.5:

1) Man zeigt leicht, daß I unabhängig von der Wahl von R ist.

2) Ist G beschränkt und ist $f(x,y) \equiv 1$ integrierbar auf G, so heißt G **meßbar** und

$$\mu(G) := \iint_G 1\,dx\,dy = \iint_G dx\,dy$$

heißt (2–dimensionaler) Inhalt oder Volumen oder Maß von G.

∎

Ohne nun auf die Meßbarkeit von $G \subset \mathbb{R}^2$ näher einzugehen, wollen wir uns auf bestimmte einfache Mengen beschränken, für die wir die zweidimensionalen Integrale auf eindimensionale Integrale zurückführen können.

Definition 9.5.6:

Es sei G eine Menge in $\mathbb{R}^2$.

1) G heißt y–projizierbar, wenn es zwei in einem Intervall $[a,b]$ stetige Funktionen $\underline{y}(x)$ und $\bar{y}(x)$ mit $\underline{y}(x) \leq \bar{y}(x)$ gibt, so daß

$$G = \{\,(x,y)\,|\,x \in [a,b],\ \underline{y}(x) \leq y \leq \bar{y}(x)\,\}.$$

2) G heißt x–projizierbar, wenn es zwei in einem Intervall $[c,d]$ stetige Funktionen $\underline{x}(y)$, $\bar{x}(y)$ mit $\underline{x}(y) \leq \bar{x}(y)$ für $y \in [c,d]$ gibt, so daß

$$G = \{\,(x,y)\,|\,y \in [c,d],\ \underline{x}(y) \leq x \leq \bar{x}(y)\,\}.$$

3) G heißt projizierbar, wenn sie x–projizierbar <u>oder</u> y–projizierbar ist.

4) G heißt Standardmenge, wenn sie x–projizierbar <u>und</u> y–projizierbar ist.

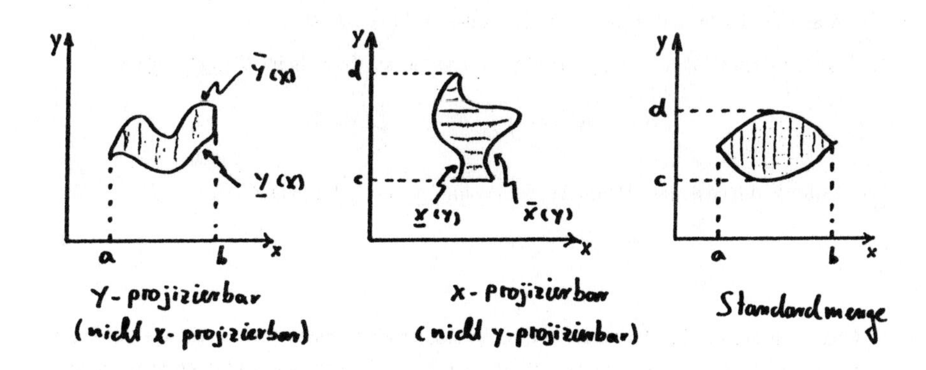

[Fig. 9. 8]

Für derartige Mengen gilt (ohne Beweis) der

Satz 9.5.7:

Es sei G eine projizierbare Menge und die Funktion $f : G \to \mathbb{R}$ sei stetig. Dann existiert das Integral $\iint_G f(x,y)\,dx\,dy$, und es gilt:

1) $\displaystyle\iint_G f(x,y)\,dx\,dy = \int_a^b \left[\int_{\underline{y}(x)}^{\bar{y}(x)} f(x,y)\,dy\right] dx$, falls G y–projizierbar ist bzw.

2) $\displaystyle\iint_G f(x,y)\,dx\,dy = \int_c^d \left[\int_{\underline{x}(y)}^{\bar{x}(y)} f(x,y)\,dx\right] dy$, falls G x–projizierbar ist.

∎

Die Integrale auf der rechten Seite bezeichnet man als iterierte Integrale.

Bemerkung 9.5.8:

1) Falls G nicht projizierbar ist, dann müssen wir G in projizierbare Stücke zu zerlegen versuchen. Z. B.

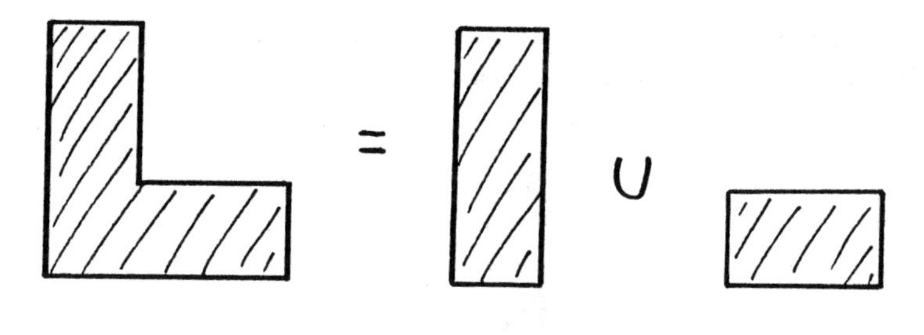

[Fig. 9. 9]

Es gilt $\iint\limits_{A\cup B} f(x,y)\,dx\,dy = \iint\limits_{A} f(x,y)\,dx\,dy + \iint\limits_{B} f(x,y)\,dx\,dy$, falls $A \cap B = \emptyset$.

2) Falls G sowohl bezüglich x als auch bezüglich y projizierbar ist, dann kann das Integral $\iint\limits_{G} f(x,y)dx\,dy$ auf zwei verschiedene Weisen als iteriertes Integral geschrieben werden. Z. B.

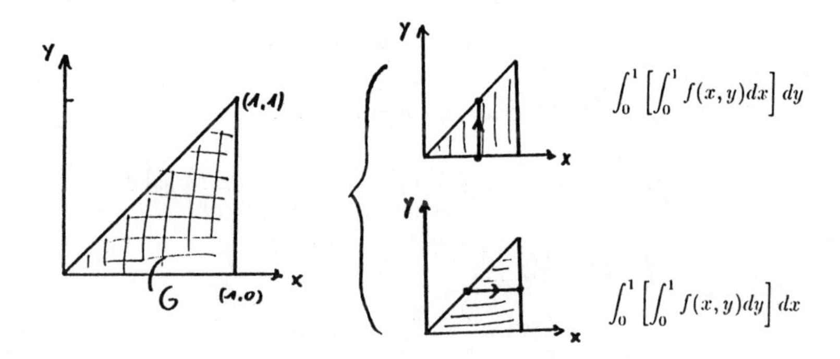

[Fig. 9. 10]

Beispiel 9.5.9:

Man bestimme das Volumen eines Tetraeders, dessen Ecken in den Punkten $(0,0,0)$, $(a,0,0)$, $(0,b,0)$, $(0,0,c)$ mit $a,b,c>0$ liegen.

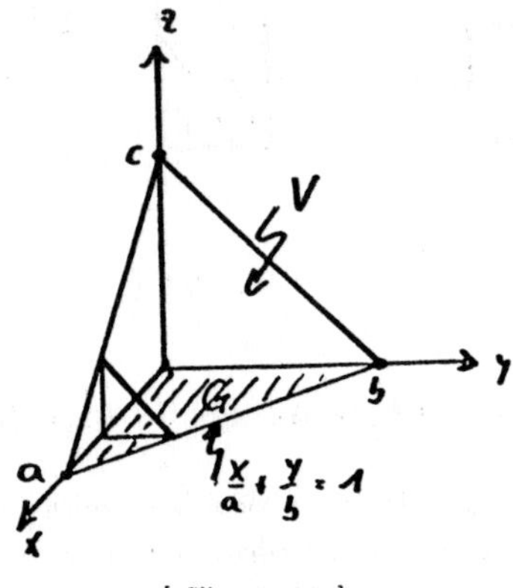

[Fig. 9. 11]

Die Gleichung der Ebene durch die 3 Punkte mit den Abschnitten a, b, c ist

$$\frac{x}{a}+\frac{y}{b}+\frac{z}{c}=1,$$

also $z=f(x,y)=c\left(1-\frac{x}{a}-\frac{y}{b}\right)$. Nach dem obigen Satz gilt

$$\begin{aligned}
V &= \iint_G f(x,y)\,dx\,dy = \int_{x=0}^{x=a}\left[\int_{y=0}^{y=b(1-\frac{x}{a})} c\left(1-\frac{x}{a}-\frac{y}{b}\right)dy\right]dx\\
&= \int_0^a c\left[(1-\frac{x}{a})y-\frac{y^2}{2b}\right]\Bigg|_0^{b(1-\frac{x}{a})}dx\\
&= c\int_0^a\left[(1-\frac{x}{a})b(1-\frac{x}{a})-\frac{b^2}{2b}(1-\frac{x}{a})^2\right]dx\\
&= \frac{bc}{2}\int_0^a(1-\frac{x}{a})^2dx \qquad (u:=1-\frac{x}{a})\\
&= -\frac{abc}{2}\int_1^0 u^2du=\frac{abc}{6}.
\end{aligned}$$

∎

(2): Dreidimensionale Integrale

Wir gehen hier formal wie bei den zweidimensionalen Integralen vor. Zunächst betrachten wir den Quader $Q = [a,b] \times [c,d] \times [e,g]$ und $\mathcal{Z}_1$, $\mathcal{Z}_2$, $\mathcal{Z}_3$ seien Zerlegungen von $[a,b]$, $[c,d]$ bzw. $[e,g]$. Dann bilden wir für eine beschränkte Funktion $f : Q \to I\!R$ die Größen:

$$\bar{M}_{ijk}(f) = \sup_{\substack{x_{i-1} \le x \le x_i \\ y_{j-1} \le y \le y_j \\ z_{k-1} \le z \le z_k}} f(x,y,z), \quad \underline{M}_{ijk}(f) = \inf_{\substack{x_{i-1} \le x \le x_i \\ y_{j-1} \le y \le y_j \\ z_{k-1} \le z \le z_k}} f(x,y,z)$$

und damit dann wieder die Ober– bzw. (recht gelesen) die Untersumme

$$\underline{S}(\mathcal{Z}_1, \mathcal{Z}_2, \mathcal{Z}_3) = \sum_i \sum_j \sum_k \underline{M}_{ijk}(x_i - x_{i-1})(y_j - y_{j-1})(z_k - z_{k-1}).$$

Seien nun $(\mathcal{Z}_1^n)$, $(\mathcal{Z}_2^n)$, $(\mathcal{Z}_3^n)$ die entsprechenden Zerlegungsfolgen, dann gilt wieder

$$\underbrace{\underline{S}(\mathcal{Z}_1^n, \mathcal{Z}_2^n, \mathcal{Z}_3^n)}_{\text{monoton steigend}} \le \underbrace{\bar{S}(\mathcal{Z}_1^n, \mathcal{Z}_2^n, \mathcal{Z}_3^n)}_{\text{monoton fallend}}.$$

Somit existieren auch die Grenzwerte

$$\lim_{n\to\infty} \underline{S}(\mathcal{Z}_1^n, \mathcal{Z}_2^n, \mathcal{Z}_3^n) \quad \text{und} \quad \lim_{n\to\infty} \bar{S}(\mathcal{Z}_1^n, \mathcal{Z}_2^n, \mathcal{Z}_3^n).$$

Definition 9.5.10:

Es seien $Q = [a,b] \times [c,d] \times [e,g]$, f: $Q \to I\!R$ beschränkt und $(\mathcal{Z}_1^n)$, $(\mathcal{Z}_2^n)$, $(\mathcal{Z}_3^n)$ Zerlegungsfolgen von $[a,b]$, $[c,d]$ bzw. $[e,g]$. Gilt dann

$$\lim_{n\to\infty} \underline{S}(\mathcal{Z}_1^n, \mathcal{Z}_2^n, \mathcal{Z}_3^n) = \lim_{n\to\infty} \bar{S}(\mathcal{Z}_1^n, \mathcal{Z}_2^n, \mathcal{Z}_3^n) =: I,$$

so heißt f auf Q integrierbar und wir schreiben

$$I = \iiint_Q f(x,y,z)dx\,dy\,dz \quad \text{oder} \quad I = \int_Q f(x,y,z)d(x,y,z).$$

∎

Bemerkung 9.5.11:

Wieder kann man zeigen, daß für integrierbare Funktion f von den gewählten Zerlegungsfolgen unabhängig ist.

∎

Definition 9.5.12:

Es sei $G \subset \mathbb{R}^3$ beschränkt, $f : G \to \mathbb{R}$ und Q ein Quader mit $G \subset Q$. Ist die Erweiterungsfunktion von f

$$f_G(x,y,z) = \begin{cases} f(x,y,z), & \text{falls } (x,y,z) \in G, \\ 0, & \text{sonst.} \end{cases}$$

integrierbar auf Q, so heißt f integrierbar auf G und wir setzen dann

$$\iiint_G f(x,y,z)\,dx\,dy\,dz = \iiint_Q f_G(x,y,z)\,dx\,dy\,dz.$$

∎

Bemerkung 9.5.13:

1) $\iiint_G f(x,y,z)\,dx\,dy\,dz$ ist wieder unabhängig von Q.

2) Ist $f(x,y,z) \equiv 1$ integrierbar auf G, so heißt G meßbar und

$$\mu(G) = \iiint_G dx\,dy\,dz$$

heißt (3-dimensionaler) Inhalt oder Volumen oder Maß von G.

∎

Nun wollen wir uns wieder jenen Fällen zuwenden, in denen dreidimensionale Integrale elementar berechenbar sind. Analog zu Definition 9.5.6 geben wir nun die

Definition 9.5.14:

Die Menge $G \subset \mathbb{R}^3$ heißt

1) z–projizierbar, wenn die Projektion von G auf die $x-y$–Ebene, die wir mit G_z bezeichnen, projizierbar ist und wenn es auf G_z stetige Funktionen $\underline{z}(x,y)$ und $\bar{z}(x,y)$ mit $\underline{z}(x,y) \leq \bar{z}(x,y)$ für alle $(x,y) \in G_z$ gibt, so daß gilt

$$G = \{\,(x,y,z) \,|\, (x,y) \in G_z,\ \underline{z}(x,y) \leq z \leq \bar{z}(x,y)\,\}.$$

2) x–projizierbar bzw. y–projizierbar, wenn 1) gilt für z durch x bzw. y ersetzt (und natürlich y, x durch z).

3) **projizierbar**, wenn G in wenigstens eine Koordinatenrichtung projizierbar ist.

4) **Standardmenge**, wenn sie in alle Koordinatenrichtungen projizierbar ist.

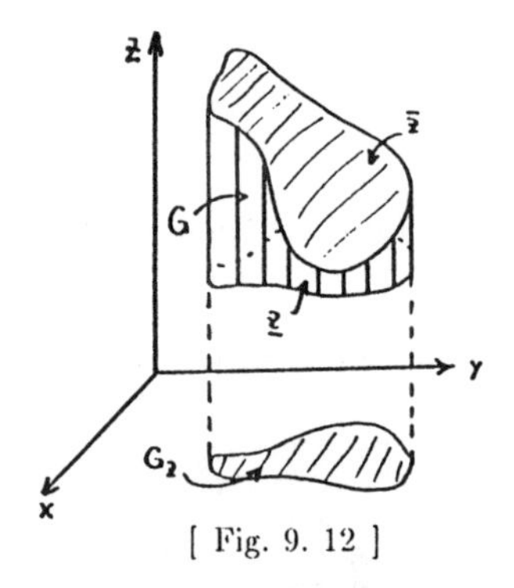

[Fig. 9. 12]

Für die Berechnung dreidimensionaler Integrale über projizierbaren Mengen gilt nun der

Satz 9.5.15:

Es sei $G \subset \mathbb{R}^3$ projizierbar und $f : G \to \mathbb{R}$ stetig. Dann existiert das Integral

$$I = \iiint_G f(x, y, z)dx\,dy\,dz$$

und es gilt:

1) wenn G z–projizierbar ist,

$$I = \iint_{G_z} \left[\int_{\underline{z}(x,y)}^{\bar{z}(x,y)} f(x, y, z)dz\right] dx\,dy.$$

2) wenn G y–projizierbar ist,

$$I = \iint_{G_y} \left[\int_{\underline{y}(x,z)}^{\bar{y}(x,z)} f(x, y, z)dy\right] dx\,dz.$$

3) wenn G x–projizierbar ist,

$$I = \iint_{G_x} \left[\int_{\underline{x}(y,z)}^{\bar{x}(y,z)} f(x, y, z)dx\right] dy\,dz.$$

Bemerkung 9.5.16:

Da G_x, G_y, G_z selbst wieder projizierbare Mengen sind, kann man die Doppelintegrale wie im Satz 9.5.7 behandeln.

∎

Beispiel 9.5.17:

Man bestimme das Volumen der Kugel mit Radius R.

Lösung:

Die Kugelgleichung ist $x^2 + y^2 + z^2 = R^2$. Man bemerkt noch, daß die Kugel zentrosymmetrisch ist.

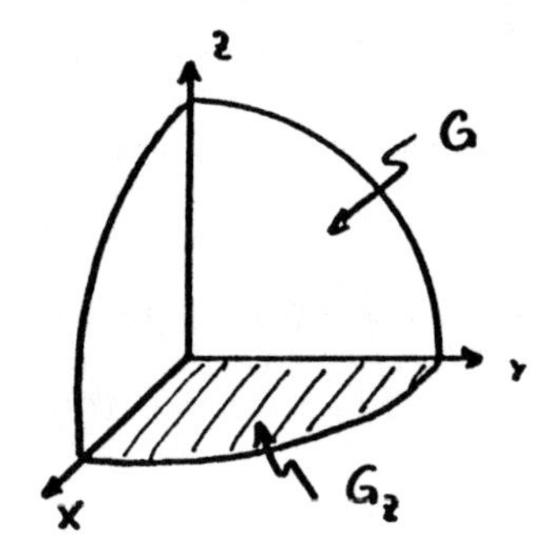

[Fig. 9. 13]

Es gilt dann

$$\begin{aligned}
\frac{1}{8}V &= \iiint\limits_G dx\,dy\,dz = \iint\limits_{G_z} \left[\int_{z=0}^{z=\sqrt{R^2-x^2-y^2}} dz\right] dx\,dy \\
&= \int_0^R \left[\int_0^{\sqrt{R^2-x^2}} \left(\int_0^{\sqrt{R^2-x^2-y^2}} dz\right) dy\right] dx \\
&= \int_0^R \underbrace{\left[\int_0^{\sqrt{R^2-x^2}} \sqrt{R^2-x^2-y^2}\,dy\right]}_{:=I_1} dx.
\end{aligned}$$

Setze $R^2 - x^2 = a^2$ $(a \geq 0)$, dann ergibt sich (streng genommen mit Hilfe des nächsten Abschnitts):

$$\begin{aligned} I_1 &= \int_0^a \sqrt{a^2 - y^2}\, dy = a \int_0^a \sqrt{1 - \left(\frac{y}{a}\right)^2} dy \qquad (a > 0) \\ & \quad (\ y =: a \cos u, \quad dy = -a \sin u\, du\ ) \\ &= -a^2 \int_{\frac{\pi}{2}}^0 \sin^2 u\, du = -\frac{a^2}{2} \int_{\frac{\pi}{2}}^0 (1 - \cos 2u) du \\ &= -\frac{a^2}{2} \left[u - \frac{1}{2} \sin 2u\right]\Big|_{\frac{\pi}{2}}^0 = -\frac{a^2}{2} \left[0 - \left(\frac{\pi}{2} - 0\right)\right] \\ &= \frac{a^2 \pi}{4} = \frac{\pi}{4}(R^2 - x^2) \end{aligned}$$

und damit ist

$$\frac{1}{8} V = \frac{\pi}{4} \int_0^R (R^2 - x^2) dx = \frac{\pi}{4} \left[R^2 x - \frac{x^3}{3}\right]\Big|_0^R = \frac{\pi}{4} \left[R^3 - \frac{R^3}{3}\right] = \frac{R^3 \pi}{6},$$

womit $V = \dfrac{4\pi R^3}{3}$ folgt.

IX. 6. Krummlinige Koordinaten, Transformationsformel

(1): Krummlinige Koordinaten.

Satz 9.6.1:

Seien $\underline{f}: \mathbb{R}^2 \to \mathbb{R}^2$ stetig partiell differenzierbar und $\underline{x}^0 \in \mathbb{R}^2$, $\Delta\underline{x} = (\Delta x_1, \Delta x_2)^T$ mit $\Delta x_1, \Delta x_2 \neq 0$. Wir bezeichnen mit Q das Rechteck mit den vier Eckpunkten $\underline{x}^0$, $\underline{x}^1 = (x_1^0 + \Delta x_1, x_2^0)$, $\underline{x}^2 = (x_1^0, x_2^0 + \Delta x_2)$ und $\underline{x}^3 = (x_1^0 + \Delta x_1, x_2^0 + \Delta x_2)$ und mit P das Parallelogramm, das durch die Punkte $\underline{f}(\underline{x}^i)$, $i = 0, 1, 2$ bestimmt wird. Dann gilt

$$\boxed{\lim_{\Delta\underline{x}\to 0} \frac{F_P}{F_Q} = \left|\det(D\underline{f}(\underline{x}^0))\right|}, \qquad \text{(Verzerrung des Flächenelements)}$$

wobei F_Q bzw. F_P der Flächeninhalt von Q bzw. P ist.

Beweis:

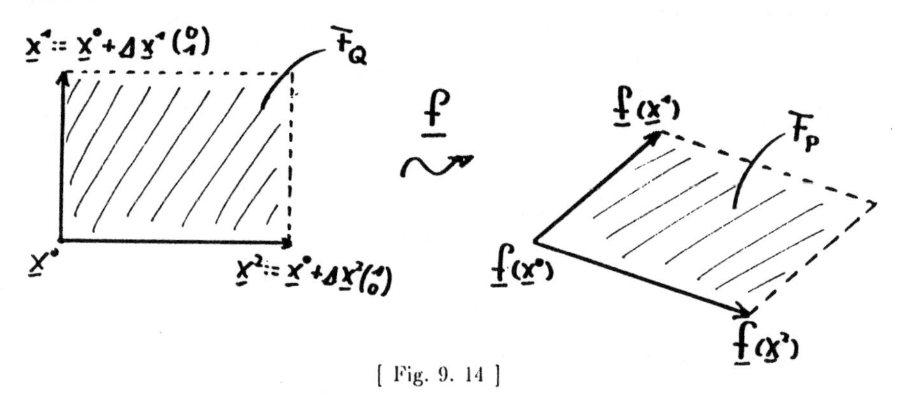

[Fig. 9. 14]

Offensichtlich ist $F_Q = |\Delta x_1 \cdot \Delta x_2|$.

Zur Vorbereitung zeigen wir zunächst, daß für zwei beliebige Vektoren $\underline{a}, \underline{b} \in \mathbb{R}^2$ der Flächeninhalt des von $\underline{a}$ und $\underline{b}$ aufgespannten Parallelogramms $\left|\det\begin{pmatrix} a_1 & b_1 \\ a_2 & b_2 \end{pmatrix}\right|$ ist. Wir fassen $\underline{a}, \underline{b} \in \mathbb{R}^2$ als Vektoren $\underline{A}, \underline{B}$ in $\mathbb{R}^3$ auf, indem wir eine dritte Komponente 0 anhängen,

d. h. $\underline{A} := (a_1, a_2, 0)^T$ und $\underline{B} := (b_1, b_2, 0)^T$. Somit gilt nach Bemerkung 3.2.2

$$\underline{A} \times \underline{B} = \det \begin{pmatrix} \underline{e}_1 & \underline{e}_2 & \underline{e}_3 \\ a_1 & a_2 & 0 \\ b_1 & b_2 & 0 \end{pmatrix} = (a_1 b_2 - a_2 b_1)\underline{e}_3 = \begin{pmatrix} 0 \\ 0 \\ a_1 b_2 - a_2 b_1 \end{pmatrix}.$$

Nach Satz 2.1.27 ii) ist der Flächeninhalt des von $\underline{A}$ und $\underline{B}$ in $\mathbb{R}^3$, bzw. des von $\underline{a}$ und $\underline{b}$ in $\mathbb{R}^2$ aufgespannten Parallelogramms gleich

$$\|\underline{A} \times \underline{B}\| = |a_1 b_2 - a_2 b_1| = \left|\det \begin{pmatrix} a_1 & b_1 \\ a_2 & b_2 \end{pmatrix}\right|.$$

Nun bestimmen wir F_P. Setze $\underline{a} := \underline{f}(\underline{x}^1) - \underline{f}(\underline{x}^0)$ und $\underline{b} := \underline{f}(\underline{x}^2) - \underline{f}(\underline{x}^2)$. Nach Definition 6.2.12 gilt

$$\underline{f}(\underline{x}) = \underline{f}(\underline{x}^0) + D\underline{f}(\underline{x}^0)(\underline{x} - \underline{x}^0) + \underline{\varepsilon}(\underline{x})$$

mit $\dfrac{\underline{\varepsilon}(\underline{x})}{\|\underline{x} - \underline{x}^0\|} \to 0$ für $\underline{x} \to \underline{x}^0$. Daraus folgt

$$\underline{a} = \underline{f}(\underline{x}^1) - \underline{f}(\underline{x}^0) = D\underline{f}(\underline{x}^0)(\underline{x}^1 - \underline{x}^0) + \underline{\varepsilon}(\underline{x}^1) = D\underline{f}(\underline{x}^0)\begin{pmatrix} \Delta x_1 \\ 0 \end{pmatrix} + \underline{\varepsilon}(\underline{x}^1),$$

$$\underline{b} = \underline{f}(\underline{x}^2) - \underline{f}(\underline{x}^0) = D\underline{f}(\underline{x}^0)(\underline{x}^2 - \underline{x}^0) + \underline{\varepsilon}(\underline{x}^2) = D\underline{f}(\underline{x}^0)\begin{pmatrix} 0 \\ \Delta x_2 \end{pmatrix} + \underline{\varepsilon}(\underline{x}^2).$$

Somit gilt

$$\begin{aligned} \det \begin{pmatrix} a_1 & b_1 \\ a_2 & b_2 \end{pmatrix} &= \det \left(D\underline{f}(\underline{x}^0)\begin{pmatrix} \Delta x_1 \\ 0 \end{pmatrix}, \ D\underline{f}(\underline{x}^0)\begin{pmatrix} 0 \\ \Delta x_2 \end{pmatrix} \right) + \varepsilon(\Delta\underline{x}) \\ &= \det \left(D\underline{f}(\underline{x}^0) \begin{pmatrix} \Delta x_1 & 0 \\ 0 & \Delta x_2 \end{pmatrix} \right) + \varepsilon(\Delta\underline{x}) \\ &= \det(D\underline{f}(\underline{x}^0)) \cdot \det \begin{pmatrix} \Delta x_1 & 0 \\ 0 & \Delta x_2 \end{pmatrix} + \varepsilon(\Delta\underline{x}), \end{aligned}$$

mit $\varepsilon(\Delta\underline{x}) = \det \left(D\underline{f}(\underline{x}^0)\begin{pmatrix} \Delta x_1 \\ 0 \end{pmatrix}, \underline{\varepsilon}(\underline{x}^2) \right) + \det \left(\underline{\varepsilon}(\underline{x}^1), \ D\underline{f}(\underline{x}^0)\begin{pmatrix} 0 \\ \Delta x_2 \end{pmatrix} + \underline{\varepsilon}(\underline{x}^2) \right)$. Dann gilt

$$\begin{aligned} \frac{\varepsilon(\Delta\underline{x})}{\Delta x_1 \cdot \Delta x_2} &= \det \left(D\underline{f}(\underline{x}^0)\begin{pmatrix} 1 \\ 0 \end{pmatrix}, \frac{\underline{\varepsilon}(\underline{x}^2)}{\Delta x_2} \right) \\ &\quad + \det \left(\frac{\underline{\varepsilon}(\underline{x}^1)}{\Delta x_1}, \ D\underline{f}(\underline{x}^0)\begin{pmatrix} 0 \\ 1 \end{pmatrix} + \frac{\underline{\varepsilon}(\underline{x}^2)}{\Delta x_2} \right) \to 0 \text{ für } \Delta\underline{x} \to \underline{0}. \end{aligned}$$

Nach der Vorbereitung gilt

$$F_P = \left|\det\begin{pmatrix} a_1 & b_1 \\ a_2 & b_2 \end{pmatrix}\right| = |\Delta x_1 \cdot \Delta x_2 \cdot \det(D\underline{f}(\underline{x}^0)) + \varepsilon(\Delta \underline{x})|.$$

Daraus folgt

$$\lim_{\Delta \underline{x} \to 0} \frac{F_P}{F_Q} = \left|\det(D\underline{f}(\underline{x}^0))\right|.$$

∎

Bemerkung 9.6.2:

Falls $\underline{f} : \mathbb{R}^3 \to \mathbb{R}^3$ stetig partiell differenzierbar ist, so gibt $\left|\det(D\underline{f}(\underline{x}^0))\right|$ die (infinitesimale) Volumenverzerrung in $\underline{x}^0$ an, usw..

∎

Definition 9.6.3:

Seien U, V offene Mengen in $\mathbb{R}^n$. Ferner sei $\underline{f} : U \to V$ bijektiv, stetig partiell differenzierbar und $D\underline{f}(\underline{x})$ nichtsingulär für alle $\underline{x} \in U$. Dann heißt $\underline{f}$ Koordinatentransformation von U auf V.

∎

Satz 9.6.4:

Seien U, V offene Mengen in $\mathbb{R}^n$ und $\underline{f} : U \to V$ eine Koordinatentransformation. Dann gilt für $\underline{x} \in U$, $\underline{y} = \underline{f}(\underline{x})$:

$$\boxed{\det\left(D\underline{f}^{-1}(\underline{y})\right) = \frac{1}{\det(D\underline{f}(\underline{x}))}}.$$

Beweis:

Offensichtlich ist $\underline{f}^{-1} \circ \underline{f}(\underline{x}) \equiv \underline{x}$. Nach Kettenregel gilt

$$E = D(\underline{x}) = D\left[\underline{f}^{-1} \circ \underline{f}(\underline{x})\right] = D\underline{f}^{-1}(\underline{f}(\underline{x})) \cdot D\underline{f}(\underline{x}).$$

Somit ist

$$1 = \det(E) = \det\left(D(\underline{f}^{-1}) \cdot D\underline{f}\right) = \det(D\underline{f}^{-1}) \cdot \det(D\underline{f}).$$

Daraus folgt die Behauptung.

∎

Wir nennen

$$\frac{\partial(f_1, f_2, \cdots, f_n)}{\partial(x_1, x_2, \cdots, x_n)} := \det(D\underline{f})$$

Funktionaldeterminante bzw. Jacobideterminante.

Beispiel 9.6.5:

1) Polarkoordinaten

Es ist bekannt, daß jeder Punkt $\underline{x} = (x, y)^T$ in $\mathbb{R}^2$ durch seinen Abstand r vom Koordinatenursprung und den Winkel φ zwischen der x–Achse und der Strecke von $\underline{0}$ bis $\underline{x}$ beschrieben werden kann.

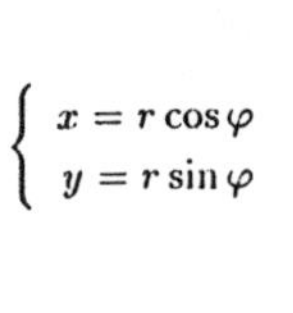

$$\begin{cases} x = r\cos\varphi \\ y = r\sin\varphi \end{cases}$$

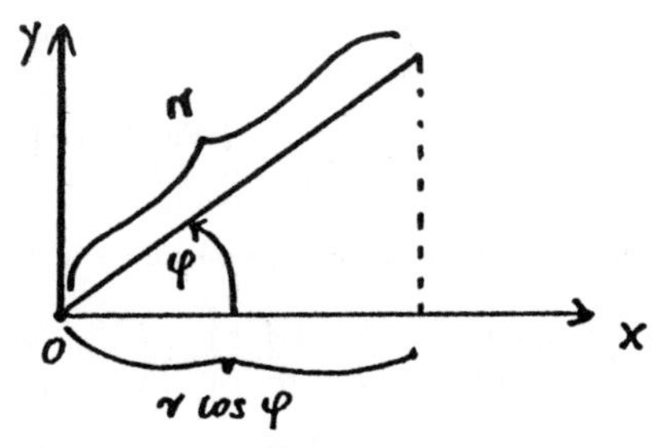

[Fig. 9. 15]

Dies schreiben wir wie folgt als Koordinatentransformation

$$\underline{f} : \begin{pmatrix} r \\ \varphi \end{pmatrix} \longmapsto \begin{pmatrix} r\cos\varphi \\ r\sin\varphi \end{pmatrix} = \begin{pmatrix} f_1(r,\varphi) \\ f_2(r,\varphi) \end{pmatrix} =: \begin{pmatrix} x \\ y \end{pmatrix}$$

mit $U = \{(r, \varphi) \,|\, r > 0,\ 0 < \varphi < 2\pi\}$.

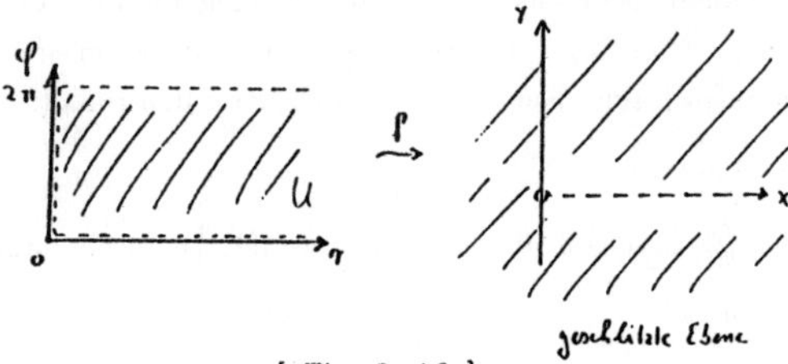

[Fig. 9. 16]

Wir geben im folgenden noch eine Illustration der Wirkung von $\underline{f}$ auf einem Segment des Definitionsbereichs:

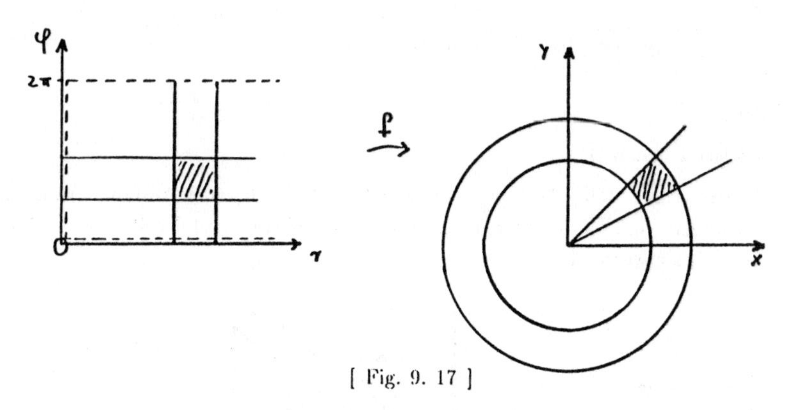

[Fig. 9. 17]

Nun bestimmen wir die Jacobideterminante von $\underline{f}$. Es gilt

$$\begin{aligned}\left|\frac{\partial(f_1,f_2)}{\partial(r,\varphi)}\right| &= \left|\frac{\partial(x,y)}{\partial(r,\varphi)}\right| = \left|\det\begin{pmatrix} x_r & x_\varphi \\ y_r & y_\varphi \end{pmatrix}\right| \\ &= \left|\det\begin{pmatrix} \cos\varphi & -r\sin\varphi \\ \sin\varphi & r\cos\varphi \end{pmatrix}\right| = r\cos^2\varphi + r\sin^2\varphi = r.\end{aligned}$$

Ferner ist

$$\left|\frac{\partial(r,\varphi)}{\partial(x,y)}\right| = \frac{1}{\left|\frac{\partial(x,y)}{\partial(r,\varphi)}\right|} = \frac{1}{r} = \frac{1}{\sqrt{x^2+y^2}}.$$

<u>Bemerkung</u>: Man beachte, daß $\underline{f}(U)$ nicht ganz $\mathbb{R}^2$ ist. Dieses ist nur eine technische Angelegenheit. Später wird das Weglassen einer Halbgeraden (1 dimensional) aus $\mathbb{R}^2$ (2 dimensional) oder das Dazunehmen keinen Einfluß auf ein zweidimensionales Integral haben. Ähnlich ist das Entfernen einer zweidimensionalen Fläche aus einem dreidimensionalen Raum, usw.$\cdots$ ohne Einfluß auf den Inhalt.

2) Zylinderkoordinaten

Es sei $U = \{(r,\varphi,z)\,|\,r>0,\ 0<\varphi\le 2\pi,\ z\in\mathbb{R}\}$. Dann beschreiben die Gleichungen

$$\begin{cases} x = r\cos\varphi, \\ y = r\sin\varphi, \\ z = z \end{cases}$$

die Transformation von Zylinderkoordinaten r, φ, z auf die Koordinaten x, y, z des dreidimensionalen Raum. Ihren Namen haben die Zylinderkoordinaten daher, daß für ein festes $r_0 > 0$ die Menge

$$\{(x,y,z) \mid x = r_0 \cos\varphi,\ y = r_0 \sin\varphi,\ z = z,\ \text{mit } 0 < \varphi \leq 2\pi,\ z \in \mathbb{R}\}$$

eine Zylinderfläche ist.

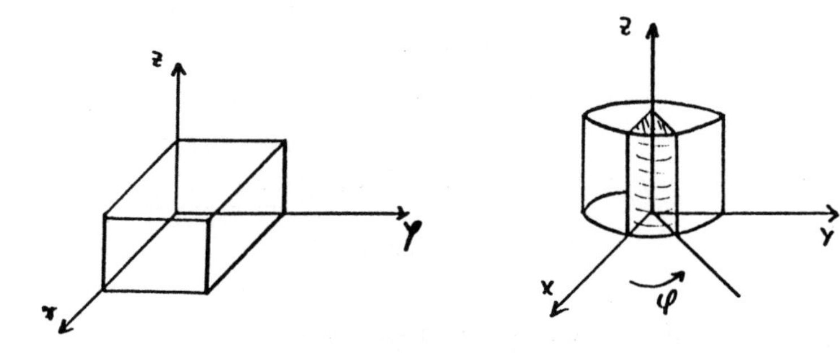

[Fig. 9. 18]

Der Betrag der Jacobideterminante dieser Transformation ist

$$\left|\frac{\partial(x,y,z)}{\partial(r,\varphi,z)}\right| = \left|\det\begin{pmatrix} x_r & x_\varphi & x_z \\ y_r & y_\varphi & y_z \\ z_r & z_\varphi & z_z \end{pmatrix}\right| = \left|\det\begin{pmatrix} \cos\varphi & -r\sin\varphi & 0 \\ \sin\varphi & r\cos\varphi & 0 \\ 0 & 0 & 1 \end{pmatrix}\right| = r.$$

3) **Kugelkoordinaten**

Das Gleichungssystem

$$\begin{cases} x = r\cos\varphi\sin\theta, \\ y = r\sin\varphi\sin\theta, \\ z = r\cos\theta \end{cases}$$

$(r > 0,\ 0 < \theta \leq \pi,\ 0 < \varphi \leq 2\pi)$

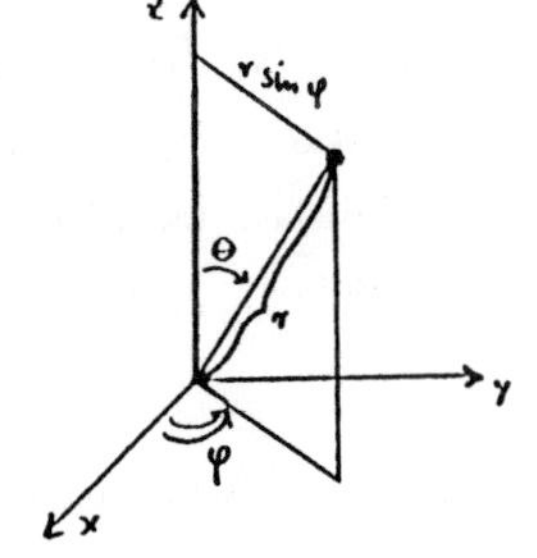

[Fig. 9. 19]

beschreibt eine Kugelkoordinatentransformation. Der Betrag der Jacobideterminante ist gleich

$$\begin{aligned}
\left|\frac{\partial(x,y,z)}{\partial(r,\varphi,\theta)}\right| &= \left|\det\begin{pmatrix} x_r & x_\varphi & x_\theta \\ y_r & y_\varphi & y_\theta \\ z_r & z_\varphi & z_\theta \end{pmatrix}\right| \\
&= \left|\det\begin{pmatrix} \cos\varphi\sin\theta & -r\sin\varphi\sin\theta & r\cos\varphi\cos\theta \\ \sin\varphi\sin\theta & r\cos\varphi\sin\theta & r\sin\varphi\cos\theta \\ \cos\theta & 0 & -r\sin\theta \end{pmatrix}\right| \\
&= \Big|\cos\theta\left(-r^2\sin^2\varphi\sin\theta\cos\theta - r^2\cos^2\varphi\sin\theta\cos\theta\right) \\
&\qquad -r\sin\theta\left(r\cos^2\varphi\sin^2\theta + r\sin^2\varphi\sin^2\theta\right)\Big| \\
&= \Big|(-r^2\sin\theta\cos^2\theta - r^2\sin^3\theta)\underbrace{(\sin^2\varphi+\cos^2\varphi)}_{=1}\Big| \\
&= r^2\sin\theta(\cos^2\theta+\sin^2\theta) = r^2\sin\theta.
\end{aligned}$$

(2): Differentialausdrücke in krummlinigen Koordinaten.

Es seien $V, U \subseteq \mathbb{R}^n$ offene Mengen und $g : V \to \mathbb{R}$ eine mehrfach differenzierbare Funktion. Ferner ist $\underline{f} : U \to V$ eine Transformation mit

$$\underline{f}\begin{pmatrix} u_1 \\ u_2 \\ \vdots \\ u_n \end{pmatrix} = \begin{pmatrix} f_1(u_1,\cdots,u_n) \\ f_2(u_1,\cdots,u_n) \\ \vdots \\ f_n(u_1,\cdots,u_n) \end{pmatrix} =: \begin{pmatrix} x_1 \\ x_2 \\ \vdots \\ x_n \end{pmatrix},$$

dann gilt

$$\begin{aligned}
g(x_1,x_2,\cdots,x_n) &= g(f_1(u_1,\cdots,u_n), f_2(u_1,\cdots,u_n),\cdots,f_n(u_1,\cdots,u_n)) \\
&= \check{g}(u_1,\cdots,u_n) = \check{g}(f_1^{-1}(x_1,\cdots,x_n),\cdots,f_n^{-1}(x_1,\cdots,x_n)).
\end{aligned}$$

So können sich z. B. die partiellen Ableitungen von g nach $x_1,\cdots,x_n$ ausdrücken lassen durch Ableitungen von $\check{g}$ nach $u_1,\cdots,u_n$ und von $\underline{f}^{-1}$ nach $x_1,\cdots,x_n$.

Beispiel 9.6.6:

Es seien $g : \mathbb{R}^2 \to \mathbb{R}$ und $\underline{f} : U \to \mathbb{R}^2$ die Polarkoordinatentransformation

$$\begin{cases} x = r\cos\varphi \\ y = r\sin\varphi, \end{cases}$$

wobei $U = \{(r,\varphi)\,|r > 0,\ 0 < \varphi < 2\pi\}$ ist. Ferner sei

$$\begin{cases} r = r(x,y) \\ \varphi = \varphi(x,y), \end{cases}$$

die Umkehrfunktion von $\underline{f}$. Dann gilt

$$g(x,y) = g(r\cos\varphi, r\sin\varphi) = \tilde{g}(r,\varphi) = \tilde{g}(r(x,y),\varphi(x,y)).$$

Somit gilt

$$\begin{aligned}
g_x &= \tilde{g}_r \cdot r_x + \tilde{g}_\varphi \cdot \varphi_x. \\
g_y &= \tilde{g}_r \cdot r_y + \tilde{g}_\varphi \cdot \varphi_y. \\
g_{xy} &= (g_x)_y = \frac{\partial}{\partial y}[\tilde{g}_r\,(r(x,y),\varphi(x,y)) \cdot r_x + \tilde{g}_\varphi\,(r(x,y),\varphi(x,y)) \cdot r_y] \\
&= (\tilde{g}_{rr} \cdot r_y + \tilde{g}_{r\varphi} \cdot \varphi_y)\, r_x + \tilde{g}_r \cdot r_{xy} + (\tilde{g}_{\varphi r} \cdot r_y + \tilde{g}_{\varphi\varphi} \cdot \varphi_y)\, r_y + \tilde{g}_\varphi \cdot r_{yy}.
\end{aligned}$$

Man braucht dann noch $r_x, r_y, r_{xx}, r_{xy}, r_{yy}, \cdots$. Man kennt allerdings $x_r, x_\varphi, y_r, y_\varphi, x_{rr}, \cdots$, also

$$\begin{aligned}
\begin{pmatrix} r_x & r_y \\ \varphi_x & \varphi_y \end{pmatrix} &= D\left(\underline{f}^{-1}\right) = \left(D\underline{f}\right)^{-1} = \begin{pmatrix} x_r & x_\varphi \\ y_r & y_\varphi \end{pmatrix}^{-1} \\
&= \begin{pmatrix} \cos\varphi & -r\sin\varphi \\ \sin\varphi & r\cos\varphi \end{pmatrix}^{-1} = \frac{1}{r}\begin{pmatrix} r\cos\varphi & r\sin\varphi \\ -\sin\varphi & \cos\varphi \end{pmatrix}
\end{aligned}$$

(<u>Bemerkung</u>: $r_x = \cos\varphi \not\equiv \frac{1}{\cos\varphi} = \frac{1}{x_r}$). Somit gilt

$$\begin{aligned}
g_x &= \tilde{g}_r \cdot \cos\varphi - \tilde{g}_\varphi \cdot \frac{\sin\varphi}{r} \\
g_y &= \tilde{g}_r \cdot \sin\varphi + \tilde{g}_\varphi \cdot \tfrac{\cos\varphi}{r}.
\end{aligned}$$

Betrachtet man ferner

$$\begin{aligned}
r_x &= \cos\varphi = \cos(\varphi(x,y)), \\
\varphi_x &= -\frac{\sin\varphi}{r} = -\frac{\sin(\varphi(x,y))}{r(x,y)},
\end{aligned}$$

so erhält man z. B.

$$\begin{aligned}
r_{xy} &= \frac{\partial}{\partial y} r_x = -\sin\varphi \cdot \varphi_y, \\
\varphi_{xy} &= \frac{\partial}{\partial y}\varphi_x(x,y) = -\frac{\cos\varphi \cdot \varphi_y \cdot r - \sin\varphi \cdot r_y}{r^2}.
\end{aligned}$$

∎

Definition 9.6.7:

Es sei $g : (x, y, z) \mapsto g(x, y, z)$ eine zweifach differenzierbare Funktion von $\mathbb{R}^3$ auf $\mathbb{R}$. Der Operator Δ mit

$$\Delta g = g_{xx} + g_{yy} + g_{zz}$$

heißt Laplace—Operator.

∎

Beispiel 9.6.8:

Es sei $g : \mathbb{R}^3 \to \mathbb{R}$ eine zweifach differenzierbare Funktion und $\underline{f} : U \to \mathbb{R}^3$ die Kugelkoordinatentransformation, wobei $U = \{(r, \varphi, \theta) \,|\, r > 0,\ 0 < \varphi < 2\pi,\ 0 < \theta < \pi\}$ ist. Dann ist

$$g(x, y, z) = \tilde{g}(r, \varphi, \theta)$$

und Δg läßt sich schreiben in Differentialausdrücken in den neuen Koordinaten r, φ, θ. Man löse die partielle Differentialgleichung $\Delta g = 0$, d. h. finde ein g mit $\Delta g = 0$ (Elektrisches Potential, Gravitationspotential).

Mit Symmetrieüberlegung interessiert man sich nur für Lösungen mit der Eigenschaft, daß g nur vom Abstand zum Ursprung, also nur von r, abhängt. Also gilt $\tilde{g}_\varphi \equiv 0$ und $\tilde{g}_\theta \equiv 0$. Daraus folgt $\tilde{g} = \tilde{g}(r)$. Dies führt zu einer besonders einfachen Darstellung von Δg, man rechnet nach

$$\begin{aligned} \Delta g &= r_{xx}\tilde{g}_r + (r_x)^2\tilde{g}_{rr} + r_{yy}\tilde{g}_r + (r_y)^2\tilde{g}_{rr} + r_{zz}\tilde{g}_r + (r_z)^2\tilde{g}_{rr} \\ &= \tilde{g}_{rr} + \frac{2}{r}\tilde{g}_r = \tilde{g}'' + \frac{2}{r}\tilde{g}'. \end{aligned}$$

Nun gilt

$$\tilde{g}'' + \frac{2}{r}\tilde{g}' = 0 \Longleftrightarrow \frac{1}{r^2}\left(r^2\tilde{g}'\right)' = 0,$$

also ist $(r^2\tilde{g}')' = 0$. Somit gilt $r^2\tilde{g}' = A$, wobei A eine Konstante ist. Daraus folgt

$$\tilde{g}(r) = \int \frac{A}{r^2} dr = -\frac{A}{r} + B$$

mit $A, B \in \mathbb{R}$.

∎

(3): Transformationsformel.

Es seien $V, U \subseteq I\!R^2$ offene Mengen und V beschränkt, $g : V \to I\!R$ stetig und $\underline{f} : V \to U$ eine Koordinatentransformation. Dann induziert g mit $\underline{f}$ eine Abbildung $g \circ \underline{f}^{-1} : U \to I\!R$. Wir versuchen, das Integal $\iint\limits_V g(x_1, x_2)dx_1dx_2$ mit einer „mehrdimensionalen Substitutionsregel" in ein Integral über U (statt über V) umzuformen.

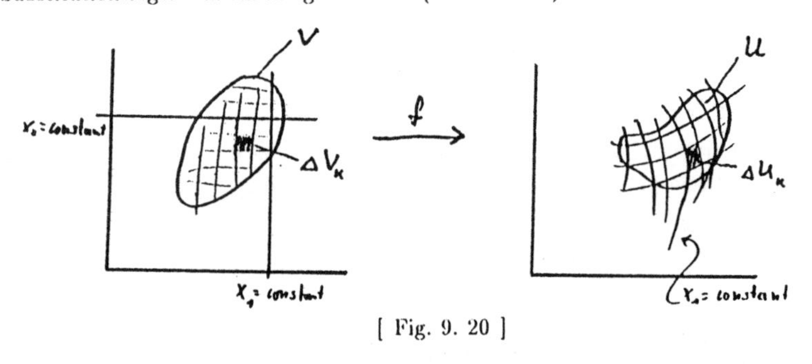

[Fig. 9. 20]

Es seien $R = [a, b] \times [c, d]$ ein Rechteck mit $R \subseteq V$ und (Z_1^n), (Z_2^n) Zerlegungsfolgen von $[a, b]$ bzw. $[c, d]$. Dann ist V für jede Zerlegung Z_1^n, Z_2^n durch achsenparallele Geraden in endlich viele (Maschen) ΔV_k $(k = 1, 2, \cdots, m)$ zerlegt. Ihre Bilder $\Delta U_k := \underline{f}(\Delta V_k)$ zerlegen $U = \underline{f}(V)$, wie z. B. im obigen Bild skizziert. Den Flächeninhalt von ΔV_k nennen wir $F_{\Delta V_k}$, den von ΔU_k entsprechend $F_{\Delta U_k}$ $(k = 1, 2, \cdots, m)$. Es seien $\underline{v}^k$ ein Eckpunkt von ΔV_k und $\underline{u}^k = \underline{f}(\underline{v}^k)$. So ist nach Satz 9.6.1 und Satz 9.6.2

$$F_{\Delta V_k} \approx \frac{F_{\Delta U_k}}{|\det D\underline{f}(\underline{v}^k)|} = |\det D\underline{f}^{-1}(\underline{u}^k)| \cdot F_{\Delta U_k}.$$

Dann ist die Obersumme (bzw. die Untersumme analog) von g

$$\bar{S}(Z_1^n, Z_2^n) = \sum_{k=1}^{m} \bar{M}_{\Delta V_k}(g) F_{\Delta V_k} \approx \sum_{k=1}^{m} \bar{M}_{\Delta U_k}(g \circ \underline{f}^{-1}) |\det D\underline{f}^{-1}(\underline{u}^k)| F_{\Delta U_k},$$

wobei $\bar{M}_{\Delta V_k}(g)$ das Maximum von g auf ΔV_k und $\bar{M}_{\Delta U_k}(g \circ \underline{f}^{-1})$ das Maximum von $g \circ \underline{f}^{-1}$ auf ΔU_k sind. Damit ist es plausibel, daß durch Grenzübergang $n \to \infty$ gilt

$$\iint\limits_V g(x_1, x_2)dx_1\, dx_2 = \iint\limits_U g \circ \underline{f}^{-1}(u_1, u_2) \left|\det D\underline{f}^{-1}(u_1, u_2)\right| du_1\, du_2.$$

Im allgemeinen geben wir hier ohne Beweis den folgenden Satz:

Satz 9.6.9 (Transformationsformel):

Seien $V, U \subset \mathbb{R}^n$ beschränkte, offene, nichtleere Mengen und $\bar{U}$ meßbar. Ferner seien $g : \bar{V} \to \mathbb{R}$ stetig und $\Phi : \bar{U} \to \bar{V}$ eine Koordinatentransformation. Dann gilt

$$\int_V \cdots \int g(\underline{x}) dx_1 \cdots dx_n = \int_U \cdots \int g(\Phi(\underline{u})) |\det D\Phi(\underline{u})| du_1 \cdots du_n.$$

∎

Bemerkung 9.6.10:

Wir betrachten hier den Spezialfall $n = 1$. Es seien $a, b \in \mathbb{R}$ mit $a < b$ und $g : [a, b] \to \mathbb{R}$ stetig. Wir substituieren $x = \varphi(u)$, wobei φ differenzierbar und $\varphi' > 0$ überall oder $\varphi' < 0$ überall sind. Dann gilt

$$\int_a^b g(x) dx = \int_{\varphi^{-1}(a)}^{\varphi^{-1}(b)} g(\varphi(u)) \varphi'(u) du.$$

Beweis:

1) Es sei $\varphi' > 0$ überall, dann ist φ streng monoton steigend, also ist $\varphi^{-1}(a) < \varphi^{-1}(b)$. Nach Satz 9.6.9 gilt

$$\int_a^b g(x) dx = \int_{\varphi^{-1}(a)}^{\varphi^{-1}(b)} g(\varphi(u)) |\varphi'(u)| du = \int_{\varphi^{-1}(a)}^{\varphi^{-1}(b)} g(\varphi(u)) \varphi'(u) du.$$

2) Es sei $\varphi' < 0$ überall, dann ist φ streng monoton fallend, also ist $\varphi^{-1}(b) < \varphi^{-1}(a)$. Nun gilt

$$\int_a^b g(x) dx = \int_{\varphi^{-1}(b)}^{\varphi^{-1}(a)} g(\varphi(u)) \underbrace{|\varphi'(u)|}_{=-\varphi'(u)} du = \int_{\varphi^{-1}(a)}^{\varphi^{-1}(b)} g(\varphi(u)) \varphi'(u) du.$$

∎

Beispiel 9.6.11:

Man bestimme das Volumen V der Kugel K in $\mathbb{R}^3$ mit Radius R (vgl. 9.5.16). Es gilt offensichtlich mit Kugelkoordinatentransformation (vgl. 9.6.4 2))

$$\begin{aligned} V &= \iiint_K dx dy dz = \int_{r=0}^{R} \int_{\varphi=0}^{2\pi} \int_{\theta=0}^{\pi} r^2 \sin\theta dr\, d\varphi\, d\theta \\ &= \int_{r=0}^{R} r^2 dr \int_{\varphi=0}^{2\pi} d\varphi \int_{\theta=0}^{\pi} \sin\theta\, d\theta = \frac{4}{3}\pi R^3. \end{aligned}$$

(4): Einige typische mehrdimensionale Integrale.

1) Sei A eine nichtsinguläre (n,n)–Matrix, und $\underline{b} \in \mathbb{R}^n$. Man betrachte die affin–linare Transformation $\underline{u} = A\underline{x} + \underline{b}$. Unter dieser Abbildung wird der Einheitswürfel W auf das Parallelepiped B abgebildet. Man bestimme das Volumen $\mathrm{Vol}(B)$ von B.

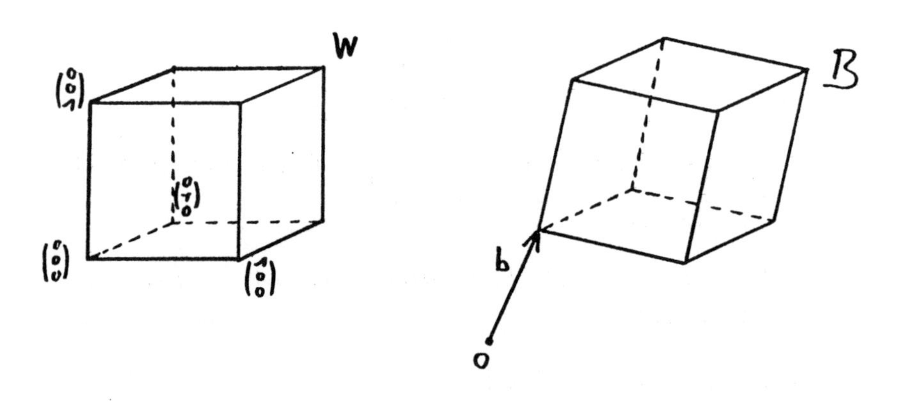

[Fig. 9. 21]

Offensichtlich ist $\underline{x} = A^{-1}\underline{u} - A^{-1}\underline{b}$, also ist $\Phi : \underline{u} \longmapsto \underline{x} = A^{-1}\underline{u} - A^{-1}\underline{b}$ eine Transformation von B auf W. So gilt $D\Phi(\underline{u}) = A^{-1}$ und $\det D\Phi(\underline{u}) = \det(A^{-1}) = \dfrac{1}{\det(A)}$.
Nach Satz 9.6.9 gilt

$$\underbrace{\int_W \cdots \int 1\, dx_1 dx_2 \cdots dx_n}_{=\mathrm{Vol}(W)=1} = \int_B \cdots \int 1\, |\det \Phi(\underline{u})|\, du_1 du_2 \cdots du_n$$

$$= \frac{1}{|\det(A)|} \underbrace{\int_B \cdots \int du_1\, du_2 \cdots du_n}_{=\mathrm{Vol}(B)} .$$

Daraus folgt $\boxed{\mathrm{Vol}(B) = |\det(A)|}$.

2) Es sei $K \subset \mathbb{R}^n$ eine beschränkte, integrierbare Menge mit Volumen $\mathrm{Vol}(K)$. Mit $r > 0$ sei $rK := \{\, \underline{x} \mid \underline{x} = r\underline{u},\ \underline{u} \in K \}$. Man bestimme das Volumen $\mathrm{Vol}(rK)$.

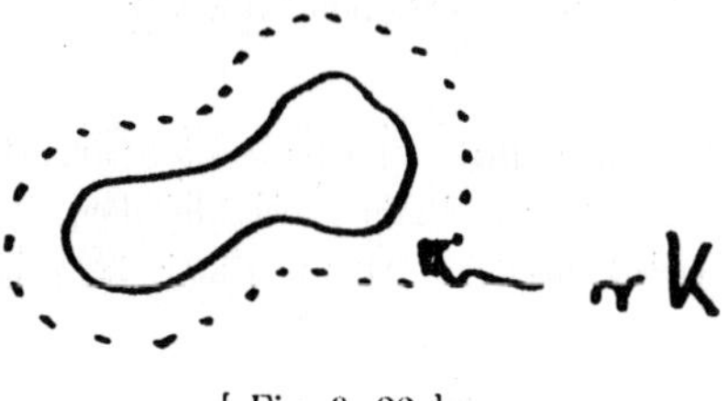

[Fig. 9. 22]

Man beachte, daß $\Phi : K \to rK$ mit $\Phi(\underline{u}) = r\underline{u} = (ru_1, ru_2, \cdots, ru_n)^T$ für $\underline{u} \in K$ eine Transformation ist und $D\Phi(\underline{u}) = \begin{pmatrix} r & & 0 \\ & \ddots & \\ 0 & & r \end{pmatrix} = rE$ gilt. So ist $\det D\Phi(\underline{u}) = r^n$.

Nach Satz 9.6.9 gilt

$$\underbrace{\int_{rK}\cdots\int 1 dx_1 \cdots dx_n}_{=\text{Vol}(rK)} = \int_K \cdots \int 1 |\det D\Phi(\underline{u})| du_1 \cdots du_n = r^n \underbrace{\int_K \cdots \int du_1 \cdots du_n}_{=\text{Vol}(K)}.$$

Daraus folgt $\boxed{\text{Vol}(rK) = r^n \text{Vol}(K)}$.

3) Es sei $B \subset \mathbb{R}^{n-1}$ eine beschränkte, integrierbare Menge mit $(n-1)$-dimensionalem Volumen $\text{Vol}_{n-1}(B)$. Mit $h > 0$ ist

$$K := \{\big((1-\lambda)\underline{\xi}, \lambda h\big) \in \mathbb{R}^{n-1} \times \mathbb{R} \,|\, \underline{\xi} \in B,\ \lambda \in [0,1]\}$$

ein Kegel in $\mathbb{R}^n$. Man bestimme das Volumen $\text{Vol}_n(K)$.

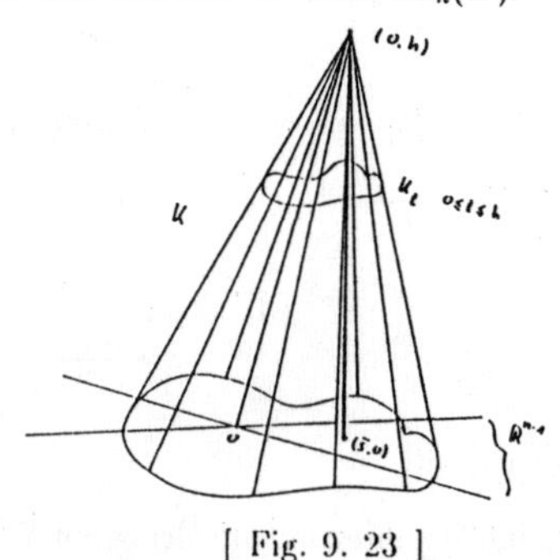

[Fig. 9. 23]

Für ein $t \in [0,h]$ sei $K_t := \{\underline{x} \in \mathbb{R}^{n-1} \mid (\underline{x}, t) \in K\}$, dann ist $K_t = \left(1 - \frac{t}{h}\right) B$. Nun gilt nach 2)

$$\mathrm{Vol}_{n-1}(K_t) = \mathrm{Vol}_{n-1}\left[\left(1 - \frac{t}{h}\right) B\right] = \left(1 - \frac{t}{h}\right)^{n-1} \mathrm{Vol}_{n-1}(B).$$

Somit gilt

$$\begin{aligned} \mathrm{Vol}_n(K) &= \int_0^h \mathrm{Vol}_{n-1}(K_t)dt = \int_0^h \left(1 - \frac{t}{h}\right)^{n-1} \mathrm{Vol}_{n-1}(B)dt \\ &= \mathrm{Vol}_{n-1}(B) \int_0^h \left(1 - \frac{t}{h}\right)^{n-1} dt = \mathrm{Vol}_{n-1}(B) \left[-\frac{h}{n}\left(1 - \frac{t}{h}\right)^n\right]\Bigg|_0^h \\ &= \mathrm{Vol}_{n-1}(B) \cdot \frac{h}{n}, \end{aligned}$$

also ist $\boxed{\mathrm{Vol}_n(K) = \frac{h}{n} \cdot \mathrm{Vol}_{n-1}(B)}$.

4) Seien $\underline{a}_0, \underline{a}_1, \cdots, \underline{a}_n \in \mathbb{R}^n$ vorgegeben, so ist

$$S(\underline{a}_0, \underline{a}_1, \cdots, \underline{a}_n) = \left\{ \sum_{i=0}^n \lambda_i \underline{a}_i \;\middle|\; \lambda_i \geq 0,\ \sum_{i=1}^n \lambda_i = 1 \right\}$$

ein Simplex in $\mathbb{R}^n$. Dann gilt

$$\boxed{\mathrm{Vol}_n(S(\underline{a}_0, \underline{a}_1, \cdots, \underline{a}_n)) = \frac{1}{n!} \left| \det(\underline{a}_1 - \underline{a}_0, \underline{a}_2 - \underline{a}_0, \cdots, \underline{a}_n - \underline{a}_0) \right|}$$

Beweis:

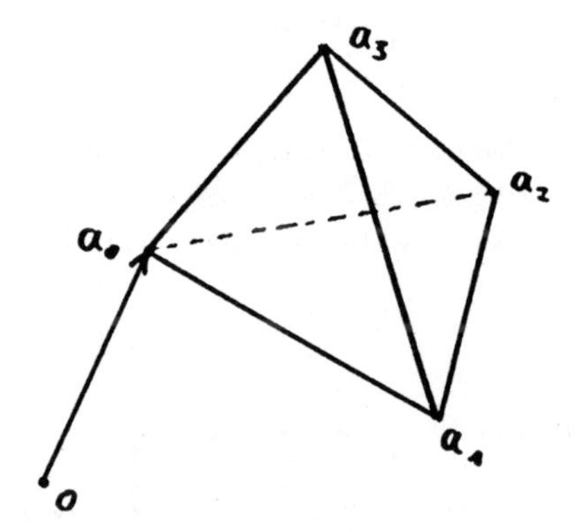

[Fig. 9. 24]

Sei o.B.d.A. $\underline{a}_0 = \underline{0}$. Zunächst zeigen wir mit vollständiger Induktion

$$\mathrm{Vol}_n(S(\underline{0}, \underline{e}_1, \cdots, \underline{e}_n)) = \frac{1}{n!},$$

wobei $\underline{e}_i = (0, \cdots, 0, 1, 0, \cdots, 0)^T$ für $i = 1, 2, \cdots, n$ ist. Für $n = 1$ ist $S(\underline{0}, \underline{e}_1) = [0, 1]$ und gilt $\text{Vol}_1(S(\underline{0}, \underline{e}_1)) = 1$. Sei $\text{Vol}_{n-1}(S(\underline{0}, \underline{e}_1, \cdots, \underline{e}_{n-1})) = \frac{1}{(n-1)!}$. Wir sehen nun $S(\underline{0}, \underline{e}_1, \cdots, \underline{e}_{n-1}, \underline{e}_n)$ als ein Kegel mit der Basis $S(\underline{0}, \underline{e}_1, \cdots, \underline{e}_{n-1})$ und Höhe $h = 1$ in 3). Dann gilt nach 3)

$$\text{Vol}_n(S(\underline{0}, \underline{e}_1, \cdots, \underline{e}_{n-1}, \underline{e}_n)) = \frac{1}{n}\text{Vol}_{n-1}(S(\underline{0}, \underline{e}_1, \cdots, \underline{e}_{n-1})) = \frac{1}{n} \cdot \frac{1}{(n-1)!} = \frac{1}{n!}.$$

Sei nun $A := (\underline{a}_1, \underline{a}_1, \cdots, \underline{a}_n)$ und o.B.d.A. $\det(A) \neq 0$, dann ist $\Phi : \underline{u} \longmapsto \underline{x} = A\underline{u}$ eine affin-lineare Transformation von $S(\underline{0}, \underline{e}_1, \cdots, \underline{e}_n)$ auf $S(\underline{0}, \underline{a}_1, \cdots, \underline{a}_n)$ und $D\Phi(\underline{u}) = A$. Somit gilt nach Satz 9.6.9

$$\begin{aligned}
\text{Vol}_n(S(\underline{0}, \underline{a}_1, \cdots, \underline{a}_n)) &= \int \cdots \int_{S(\underline{0}, \underline{a}_1, \cdots, \underline{a}_n)} 1 dx_1 \cdots dx_n \\
&= \int \cdots \int_{S(\underline{0}, \underline{e}_1, \cdots, \underline{e}_n)} 1 \, |\det(D\Phi(\underline{u}))| \, du_1 \cdots du_n \\
&= |\det(A)| \int \cdots \int_{S(\underline{0}, \underline{e}_1, \cdots, \underline{e}_n)} du_1 \cdots du_n \\
&= |\det(A)| \cdot \text{Vol}_n(S(\underline{0}, \underline{e}_1, \cdots, \underline{e}_n)) = |\det(A)| \cdot \frac{1}{n!},
\end{aligned}$$

also ist $\text{Vol}_n(S(\underline{0}, \underline{a}_1, \cdots, \underline{a}_n)) = \frac{1}{n!} |\det(A)|$.

∎

Bemerkung: Im folgenden wird eine Methode (Freudenthalsche Triangulierung) zur Erzeugung der würfelzerlegenden Simplices gegeben. Es sei W_n ein Einheitswüfel. Für $n = 2$ ist W_n ein Einheitsquadrat. Dieses kann in zwei Dreiecke zerlegt werden.

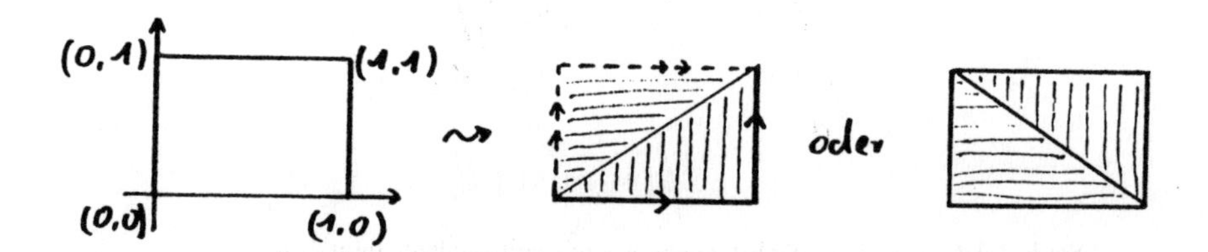

[Fig. 9. 25]

Entsprechend der ersten Zerlegung sind zwei orientierte Wege von $(0,0)$ nach $(1,1)$ mit drei Eckpunkten bestimmt, nämlich

$$(0,0) \to (1,0) \to (1,1), \quad \text{bzw.} \quad (0,0) \to (0,1) \to (1,1),$$

wobei jeder Eckpunkt daraus entsteht, daß immer ein Bit seines Vorgängers von 0 auf 1 gesetzt wird. Diese Idee kann man mühelos auf n dimensionale Räume übertragen, z. B. für $n = 3$ kann W_n in 6 Tetraeder zerlegt werden, z. B.

$$\begin{array}{ll} (0,0,0) \to (0,0,1) \to (0,1,1) \to (1,1,1), & (0,0,0) \to (0,0,1) \to (1,0,1) \to (1,1,1), \\ (0,0,0) \to (0,1,0) \to (0,1,1) \to (1,1,1), & (0,0,0) \to (0,1,0) \to (1,1,0) \to (1,1,1), \\ (0,0,0) \to (1,0,0) \to (1,0,1) \to (1,1,1), & (0,0,0) \to (1,0,0) \to (1,1,0) \to (1,1,1). \end{array}$$

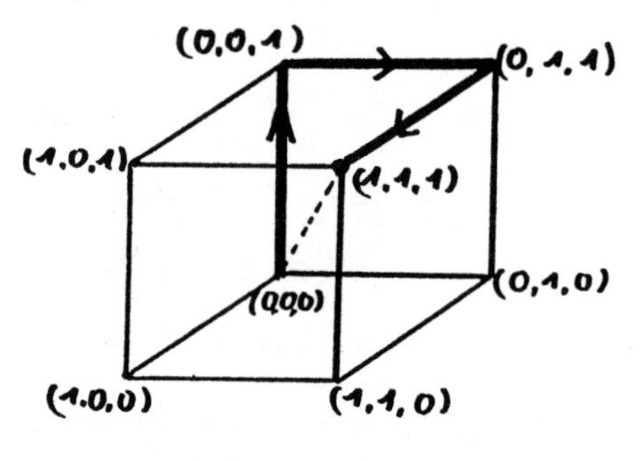

[Fig. 9. 26]

Allgemein kann man zeigen, daß mit dieser Methode W_n in $n!$ Simplices zerlegbar ist.

5) Trägheitsmoment

Sei $L \subset \mathbb{R}^3$ eine Gerade und $\rho(\underline{x}, L)$ der Euklidische Abstand von einem Punkt $\underline{x} = (x_1, x_2, x_3)$ zu L. Ferner sei K ein (beschränkter) Körper mit Massendichte $\mu(\underline{x})$ und wir definieren das Trägheitsmoment Θ von K bzgl. L durch das folgende Integral

$$\Theta = \iiint_K \rho(\underline{x}, L)^2 \mu(\underline{x}) dx_1 dx_2 dx_3.$$

Es sei nun $K = \{\underline{x} \in \mathbb{R}^3 \mid \|\underline{x}\| \leq R\}$ eine Kugel mit konstante Massendichte μ. Man bestimme das Trägheitsmoment Θ von K bzgl. einer Achse L durch den Mittelpunkt von K.

Lösung:

Wegen der Symmetrieeigenschaft nehmen wir o.B.d.A. an, daß $L = x_1$–Achse ist. Dann gilt $\rho((x_1, x_2, x_3), L) = \sqrt{x_2^2 + x_3^2}$. Somit ist

$$\Theta = \iiint_K (x_2^2 + x_3^2) \cdot \mu \, dx_1 dx_2 dx_3.$$

Weil $\iiint_K x_i^2 dx_1 dx_2 dx_3$ unabhängig von i $(i = 1, 2, 3)$ ist, gilt

$$\Theta = \frac{2}{3}\mu \iiint_K (x_1^2 + x_2^2 + x_3^2) dx_1 dx_2 dx_3.$$

Nun wenden wir Kugelkoordinatentransformation (siehe (2) 3)) an, dann ist offensichtlich $x_1^2 + x_2^2 + x_3^2 = r^2$. Nach Satz 9.6.9 gilt

$$\begin{aligned} \Theta &= \frac{2}{3}\mu \int_{r=0}^{R} \int_{\varphi=0}^{2\pi} \int_{\theta=0}^{\pi} r^2 \cdot r^2 \sin\theta \, d\theta \, d\varphi \, dr \\ &= \frac{2}{3}\mu \int_{r=0}^{R} r^4 dr \int_{\varphi=0}^{2\pi} d\varphi \int_{\theta=0}^{\pi} \sin\theta \, d\theta \\ &= \frac{2}{3}\mu \cdot \frac{1}{5} R^5 \cdot 2\pi \cdot 2 = \frac{8\pi}{15}\mu R^5. \end{aligned}$$

Wir bezeichnen mit M die totale Masse von K, dann ist (vgl. 9.6.11)

$$M = \iiint_K \mu \, dx_1 dx_2 dx_3 = \mu \iiint_K dx_1 dx_2 dx_3 = \mu \frac{4}{3}\pi R^3.$$

Also ist $\Theta = \frac{2}{5} R^2 M$.

IX. 7. Uneigentliche Integrale

Als Beispiel betrachten wir hier die von einem Gas bei Expansion eines Kolbens geleistete Arbeit (ohne Wärmeaustausch mit der Umgebung).

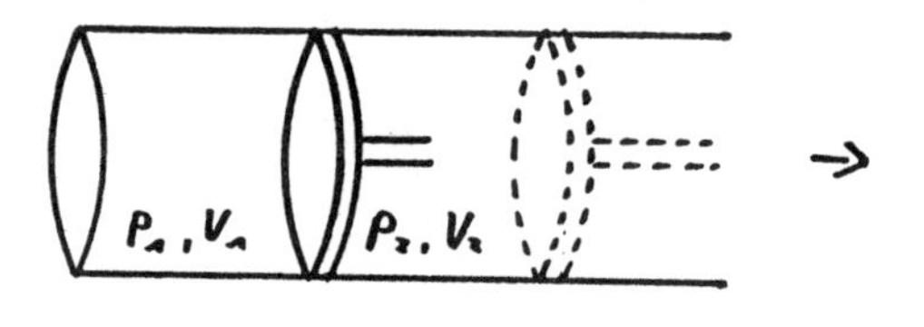

[Fig. 9. 27]

Das entsprechende Gasgesetz lautet

$$pV^{æ} = \text{Konstante} = C,$$

und die geleistete Arbeit (von $v_1 \to v_2$) berechnet sind zu

$$A = \int_{v_1}^{v_2} p dV = C \int_{v_1}^{v_2} \frac{dV}{V^{æ}}.$$

Man kann nun die Frage aufwerfen, wie groß die größtmögliche Arbeit eines Gases sein kann, d. h. man bestimmt A für sehr große Volumina v_2 und im Grenzfall für $v_2 \to \infty$.

Bisher hatten wir Integrale von beschränkten Funktionen auf beschränkten Intervallen erklärt. In praktischen Fällen können sowohl unbeschränkte Funktionen wie auch unbeschränkte Intervalle auftreten. Dies führt dann auf den Begriff des uneigentlichen Integrals.

Definition 9.7.1:

Es sei $I \subset \mathbb{R}$ ein Intervall der Form (a, b), $(a, b]$, $[a, b)$, mit $a < b$, oder $(-\infty, b)$, (a, ∞) oder $(-\infty, \infty)$ und $f : I \to \mathbb{R}$. $\int_I f\,dx$ heißt ein konvergentes **uneigentliches Integral** über I, wenn gilt:

1) Für alle $\alpha, \beta \in \mathbb{R}$ mit $[\alpha, \beta] \subset I$ ist f in $[\alpha, \beta]$ integrierbar,

2) Es gibt ein $c \in I$, so daß

$$I_1 = \lim_{\substack{y \to a^+ \\ (y \to -\infty)}} \int_y^c f\,dx \qquad \text{und} \qquad I_2 = \lim_{\substack{y \to b^- \\ (y \to \infty)}} \int_c^y f\,dx$$

existieren.

In dem Fall definiert man das uneigentliche Integral

$$\int_{a\,(-\infty)}^{b\,(+\infty)} f\,dx = I_1 + I_2.$$

∎

Bemerkung 9.7.2:

1) Die obige Zahl c ist eingeführt, um Grenzwerte links und rechts ungekoppelt betrachten zu können. Z. B.:

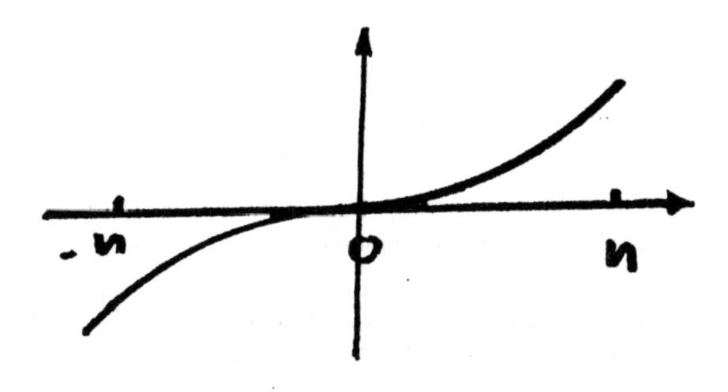

[Fig. 9. 28]

Es ist klar, daß $\int_{-n}^{n} f\,dx = 0$ gilt, also $\lim\limits_{n\to\infty} \int_{-n}^{n} f\,dx = 0$. Aber

$$\lim_{n\to\infty} \int_{-n}^{0} f\,dx \quad \text{und} \quad \lim_{n\to\infty} \int_{0}^{n} f\,dx$$

existieren nicht. Also ist $f(x) = x^3$ über $(-\infty, \infty)$ <u>nicht</u> uneigentlich integrierbar.

2) Die Konvergenz ist unabhängig von c.

Beweis:

Es sei $c < c' \in I$. Dann gilt

$$\int\limits_{a \atop (-\infty)}^{b \atop (\infty)} f\,dx \overset{\text{Def}}{=} \lim_{\substack{y \to a+ \\ (y \to -\infty)}} \int_y^c f\,dx + \lim_{\substack{y \to b- \\ (y \to \infty)}} \int_c^y f\,dx$$

$$= \lim_{\substack{y \to a+ \\ (y \to -\infty)}} \left(\int_y^{c'} f\,dx + \int_{c'}^c f\,dx \right) + \lim_{\substack{y \to b- \\ (y \to \infty)}} \left(\int_c^{c'} f\,dx + \int_{c'}^y f\,dx \right)$$

$$= \lim_{\substack{y \to a+ \\ (y \to -\infty)}} \int_y^{c'} f\,dx + \lim_{\substack{y \to b- \\ (y \to \infty)}} \int_{c'}^y f\,dx + \underbrace{\int_{c'}^c f\,dx + \int_c^{c'} f\,dx}_{=0}.$$

3) Ist $I = [a,b] \subset I\!R$ und $f : I \to I\!R$ integrierbar, dann ist das uneigentliche Integral gleich dem ursprünglichen Integral.

Beweis:

Setzen wir $F(y) = \int_y^c f\,dx$, so ist zu zeigen, daß F stetig in $I = [a,b]$ ist. Da f (eigentlich) integrierbar ist, gibt es ein $M \in I\!R$ mit $|f(x)| \leq M$ für alle $x \in [a,b]$. Daraus folgt für $y \in I$

$$|F(\underbrace{y+h}_{\in I}) - F(y)| = \left| \int_{y+h}^c f\,dx - \int_y^c f\,dx \right| = \left| \int_{y+h}^y f\,dx \right|$$

$$\leq \int_{y+h}^y |f| dx \leq Mh \longrightarrow 0 \quad \text{für } h \to 0,$$

womit $F(y+h) \to F(y)$ für $h \to 0$ folgt.

∎

Beispiel 9.7.3:

1) Betrachten wir nun das Arbeitsintegral $\int_{v_1}^{\infty} \frac{dV}{V^{æ}}$ mit $v_1 > 0$.

1. Fall: æ$\neq 1$.

$$\int_{v_1}^{\infty} \frac{dV}{V^{æ}} = \lim_{y \to \infty} \int_{v_1}^y \frac{dV}{V^{æ}} = \lim_{y \to \infty} \left. \frac{V^{-æ+1}}{1-æ} \right|_{v_1}^y$$

$$= \lim_{y \to \infty} \frac{1}{1-æ} \left[y^{-æ+1} - v_1^{-æ+1} \right] = \begin{cases} \infty, & \text{falls } æ < 1, \\ -\frac{1}{(1-æ)v_1^{æ-1}}, & \text{falls } æ > 1. \end{cases}$$

2. Fall: $æ = 1$.

$$\int_{v_1}^{\infty} \frac{dV}{V} = \lim_{y \to \infty} \int_{v_1}^y \frac{dV}{V} = \lim_{y \to \infty} [\ln|y| - \ln|v_1|] = \infty.$$

Also existiert das uneigentliche Integral genau dann, wenn $æ > 1$ ist.

2) Man bestimme $I = \int_0^\infty e^{-x^2}\,dx$.

Lösung:

Es gilt offensichtlich $I^2 = \left(\int_0^\infty e^{-x^2}dx\right)\left(\int_0^\infty e^{-y^2}dy\right) = \int\limits_0^\infty\int\limits_0^\infty e^{-x^2-y^2}\,dx\,dy.$

Wir wollen $[0,\infty)\cup[0,\infty)$ durch Viertelkreise mit Radien $r \to \infty$ ausschöpfen. Mit Polarkoordinatentransformation (vgl. 9.6.5 1)) $\begin{cases} x = r\cos\varphi, \\ y = r\sin\varphi, \end{cases}$ gilt

$$x^2+y^2=r^2, \quad \text{bzw.} \quad \left|\frac{\partial(x,y)}{\partial(r,\varphi)}\right| = r.$$

Nach Satz 9.6.9 gilt

$$I^2 = \int\limits_0^\infty\int\limits_0^\infty e^{-(x^2+y^2)}dx\,dy = \int\limits_{\varphi=0}^{\frac{\pi}{2}}\int\limits_{r=0}^\infty e^{-r^2}r\,dr\,d\varphi = \frac{\pi}{2}\left[-\frac{1}{2}e^{-r^2}\right]\Big|_0^\infty = \frac{\pi}{4}.$$

Daraus folgt $I = \frac{1}{2}\sqrt{\pi}$.

∎

Um nicht immer im Einzelfall die Konvergenz untersuchen zu müssen, geben wir ein hinreichendes Kriterium an, welches wir als Majorantenkriterium bezeichnen.

Satz 9.7.4 (Majorantenkriterium):

Es seien $f,\ g : (a,b] \to \mathbb{R}$ stetig und

$$0 \le f(x) \le g(x) \qquad \text{für alle} \quad x \in (a,b].$$

1) Wenn $\int_a^b g(x)\,dx$ konvergiert, dann konvergiert auch $\int_a^b f(x)\,dx$.

2) Wenn $\int_a^b f(x)\,dx$ divergiert, dann divergiert auch $\int_a^b g(x)\,dx$.

Beweis:

1) Weil $\int_a^b g(x)\,dx$ konvergiert, ist $\int_y^b f(x)\,dx$ für $y \in (a,b]$ nach oben beschränkt. Weil $f \ge 0$ und $\int_y^b f(x)\,dx$ monoton für $y \to a^+$ wächst, konvergiert $\int_a^b f(x)\,dx$.

2) Da $\int_a^b f(x)\,dx$ divergiert, gilt $\lim\limits_{y\to a^+}\int_y^b f(x)\,dx = \infty$. Damit ist $\lim\limits_{y\to a^+}\int_y^b g(x)\,dx = \infty$.

Bemerkung 9.7.5:

Es sei $f : (a,b] \to \mathbb{R}$ stetig. Existieren ein α mit $0 \leq \alpha < 1$ und ein $M > 0$, so daß

$$0 \leq f(x) \leq \frac{M}{(x-a)^\alpha} \qquad \text{für alle} \quad x \in (a,b]$$

gilt, dann konvergiert $\int_a^b f(x)\,dx$ und es gilt $\int_a^b f(x)\,dx \leq \frac{M}{1-\alpha}(b-a)^{1-\alpha}$.

Beweis:

Es gilt für $y \to a^+$

$$\begin{aligned} \int_y^b \frac{M}{(x-a)^\alpha}dx &= \left.\frac{M}{(1-\alpha)(x-a)^{\alpha-1}}\right|_y^b \\ &= \frac{M}{1-\alpha}\left[\frac{1}{(b-a)^{\alpha-1}} - \frac{1}{(y-a)^{\alpha-1}}\right] \overset{(\alpha<1)}{\longrightarrow} \frac{M}{1-\alpha}\frac{1}{(b-a)^{\alpha-1}}, \end{aligned}$$

womit das Integral $\int_a^b \frac{M}{(x-a)^\alpha}dx$ konvergiert. Nun folgt die Konvergenz von $\int_a^b f(x)\,dx$ direkt aus Satz 9.7.4.

∎

Satz 9.7.6:

Es sei $f : (a,b] \to \mathbb{R}$ stetig. Konvergiert $\int_a^b |f(x)|\,dx$, so konvergiert auch $\int_a^b f(x)\,dx$.

Beweis:

Es gilt offensichtlich $0 \leq |f(x)| - f(x) \leq 2|f(x)|$ für alle $x \in (a,b]$. Da $\int_a^b 2|f(x)|\,dx$ konvergiert, ist auch $\int_a^b [|f(x)| - f(x)]\,dx$ nach Satz 9.7.4 konvergent.

Wegen $f(x) = |f(x)| - [|f(x)| - f(x)]$ konvergiert auch $\int_a^b f(x)\,dx$.

∎

Satz 9.7.7:

Es sei $f : (a,b] \to \mathbb{R}$ stetig. Existiert ein α mit $0 \leq \alpha < 1$, so daß

$$\lim_{x \to a^+} (x-a)^\alpha f(x) = c,$$

dann ist das uneigentliche Integral $\int_a^b f(x)\,dx$ konvergent.

Beweis:

Da $\lim_{x\to a+}(x-a)^\alpha f(x) = c$ existiert, gibt es für jedes $\epsilon > 0$ ein $x_0 \in (a,b]$, so daß

$$(x-a)^\alpha |f(x)| \leq |c| + \epsilon \quad \text{für alle } x \in (a, x_0]$$

gilt. Weil f und damit auch $(x-a)^\alpha f(x)$ auf $[x_0, b]$ stetig ist, gibt es ein $d > 0$, so daß

$$(x-a)^\alpha |f(x)| \leq d \quad \text{für alle } x \in [x_0, b]$$

gilt. Setzen wir $M = \max\{d, |c| + \epsilon\}$, dann gilt $|f(x)| \leq \frac{M}{(x-a)^\alpha}$ für alle $x \in (a,b]$. Nach Bemerkung 9.7.5 ist $\int_a^b |f(x)|\,dx$ konvergent. Nun konvergiert $\int_a^b f(x)\,dx$ nach Satz 9.7.6.

∎

Es sei $a > 0$ und $f : [a,\infty) \to \mathbb{R}$ stetig. Mit der Substitution $u = \frac{1}{x}$ wird das Integral $\int_a^\infty f(x)\,dx$ zu $\int_0^{\frac{1}{a}} f(\frac{1}{u})\frac{1}{u^2}du$. Deshalb ist die Theorie für die beiden Typen dieselbe. Ohne Schwierigkeit können wir dann die folgenden Sätze beweisen.

Satz 9.7.8 (Majorantenkriterium):

Es seien $a > 0$ und $f,\ g : [a,\infty) \to \mathbb{R}$ stetig und

$$0 \leq f(x) \leq g(x) \qquad \text{für alle} \quad x \in [a,\infty).$$

1) Wenn $\int_a^\infty g(x)\,dx$ konvergiert, dann konvergiert auch $\int_a^\infty f(x)\,dx$.

2) Wenn $\int_a^\infty f(x)\,dx$ divergiert, dann divergiert auch $\int_a^\infty g(x)\,dx$.

Bemerkung 9.7.9:

Es sei $a > 0$ und $f : [a,\infty) \to \mathbb{R}$ stetig. Existieren ein $\alpha > 1$ und ein $M > 0$, so daß

$$0 \leq f(x) \leq \frac{M}{x^\alpha} \qquad \text{für alle} \quad x \in [a,\infty)$$

gilt, dann konvergiert $\int_a^\infty f(x)\,dx$ und es gilt $\int_a^\infty f(x)\,dx \leq \frac{M}{1-\alpha}a^{1-\alpha}$.

Satz 9.7.10:

Es sei $f : [a,\infty) \to \mathbb{R}$ stetig. Konvergiert $\int_a^\infty |f(x)|\,dx$, so konvergiert auch $\int_a^\infty f(x)\,dx$.

Satz 9.7.11:

Es sei $a > 0$ und $f : [a, \infty) \to I\!R$ stetig. Gibt es ein $\alpha > 1$, so daß

$$\lim_{x \to \infty} x^\alpha f(x) = c$$

existiert, dann existiert $\int_a^\infty f(x)\,dx$ und es gibt ein $M > 0$ mit $\left|\int_a^\infty f(x)\,dx\right| \leq \frac{M}{\alpha - 1} a^{1-\alpha}$.

∎

Als Anwendung untersuchen wir die Konvergenz von Reihen.

Satz 9.7.12:

Ist für ein $n_0 \in I\!N$ die Funktion $f : [n_0, \infty) \to I\!R$ monoton fallend sowie nicht negativ und konvergiert $\int_{n_0}^\infty f\,dx$, dann konvergiert auch die Reihe $\sum\limits_{k=n_0+1}^{\infty} f(k)$.

Beweis:

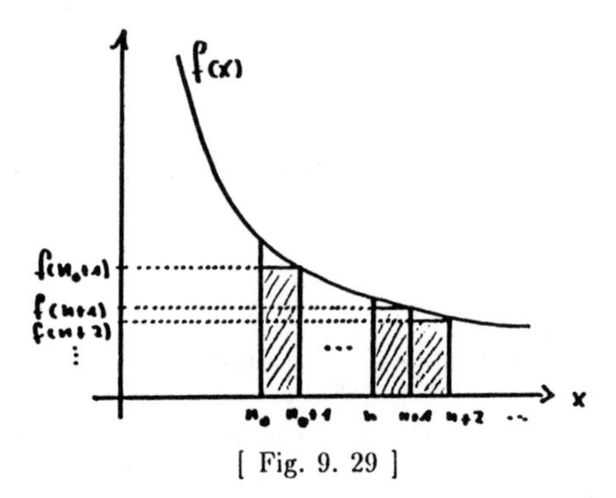

[Fig. 9. 29]

Es gilt offensichtlich $s_n := \sum\limits_{k=n_0+1}^{n_0+n} f(k) \leq \int_{n_0}^\infty f(x)\,dx < \infty$, also ist $(s_n)_{n \in N}$ beschränkt. Da f auf $[n_0, \infty)$ nicht negativ ist, ist $(s_n)_{n \in N}$ auch monoton steigend. Daraus folgt die Konvergenz.

∎

Beispiel 9.7.13:

$\sum\limits_{n=1}^{\infty} \frac{1}{n^\alpha}$ konvergiert für $\alpha > 1$, denn nach Satz 9.7.11 existiert $\int_1^\infty \frac{1}{x^\alpha} dx$ für $\alpha > 1$.

IX. 8. Parameterabhängige Integrale

Wir betrachten Funktionen der Form $F(t) = \int_a^b f(x,t)dx, \quad t \in [c,d]$ und wollen uns zunächst für grundlegende Eigenschaften derartiger Funktionen interessieren.

(1): Stetigkeit und Integrierbarkeit parameterabhängiger Integrale

Definition 9.8.1:

Es seien $f : [a,b] \times [c,d] \to \mathbb{R}$ und $\varphi, \psi : [c,d] \to [a,b]$ stetig. Dann heißt die Funktion $F : [c,d] \to \mathbb{R}$ $\boxed{\text{Parameterintegral}}$, wobei für $t \in [c,d]$

$$F(t) := \int_{\varphi(t)}^{\psi(t)} f(x,t)dx$$

gesetzt wurde. Hierbei heißt t $\boxed{\text{Parameter}}$.

∎

Satz 9.8.2:

Die Funktion $F(t) = \int_{\varphi(t)}^{\psi(t)} f(x,t)dx$ sei ein Parameterintegral. Dann ist F stetig.

Beweis:

Für $t_0 \in [c,d]$ gilt

$$\begin{aligned}
|F(t) - F(t_0)| &= \left| \int_{\varphi(t)}^{\psi(t)} f(x,t)dx - \int_{\varphi(t_0)}^{\psi(t_0)} f(x,t_0)dx \right| \\
&= \left| \int_{\varphi(t)}^{\varphi(t_0)} f(x,t)dx + \int_{\psi(t_0)}^{\psi(t)} f(x,t)dx + \int_{\varphi(t_0)}^{\psi(t_0)} (f(x,t) - f(x,t_0))dx \right| \\
&\leq \left| \int_{\varphi(t)}^{\varphi(t_0)} f(x,t)dx \right| + \left| \int_{\psi(t_0)}^{\psi(t)} f(x,t)dx \right| + \left| \int_{\varphi(t_0)}^{\psi(t_0)} (f(x,t) - f(x,t_0))dx \right| \\
&\qquad \left(M := \max_{(x,t)\in[a,b]\times[c,d]} |f(x,t)| \right) \\
&\leq M \underbrace{|\varphi(t_0) - \varphi(t)|}_{\to 0} + M \underbrace{|\psi(t) - \psi(t_0)|}_{\to 0} \\
&\quad + \underbrace{\max_{x\in[a,b]} |f(x,t) - f(x,t_0)|}_{\to 0 \text{ (Aufgabe)}} \underbrace{|\psi(t_0) - \varphi(t_0)|}_{\text{feste Zahl}} \longrightarrow 0 \quad (t \to t_0),
\end{aligned}$$

womit die Stetigkeit von F folgt.

∎

Wichtiger ist jedoch die

(2): Differenzierbarkeit von Parameterintegralen

Satz 9.8.3 (Leibniz–Regel):

Ist im Parameterintegral $F(t) = \int_{\varphi(t)}^{\psi(t)} f(x,t)dx$ zusätzlich noch φ, ψ, f nach t differenzierbar und $f_t(x,t)$ stetig. Dann ist F differenzierbar und es gilt

$$F'(t) = \int_{\varphi(t)}^{\psi(t)} f_t(x,t)dx + f(\psi(t),t)\psi'(t) - f(\varphi(t),t)\varphi'(t).$$

Beweis:

Vermöge des Mittelwertsatzes der Integralrechnung und jenes der Differentialrechnung erhalten wir

$$\begin{aligned} F(t) - F(t_0) &= \int_{\varphi(t)}^{\varphi(t_0)} f(x,t)dx + \int_{\psi(t_0)}^{\psi(t)} f(x,t)dx + \int_{\varphi(t_0)}^{\psi(t_0)} (f(x,t) - f(x,t_0))dx \\ &= f(\xi_x,t)(\varphi(t_0) - \varphi(t)) + f(\eta_x,t)(\psi(t) - \psi(t_0)) + (t - t_0)\int_{\varphi(t_0)}^{\psi(t_0)} \frac{\partial f}{\partial t}(x,\tau_x)dx \end{aligned}$$

mit geeigneten ξ_x, η_x, τ_x. Division durch $t - t_0$ und Grenzübergang $t \to t_0$ liefert die Behauptung.

Anmerkung: Insbesondere folgt damit (nun mit stärkeren Voraussetzungen) wieder die Stetigkeit.

∎

Beispiel 9.8.4:

1) Gegeben: $F(t) = \int_{\pi}^{2\pi} \frac{\sin(xt)}{x}dx, \quad t \in \mathbb{R}.$

Gesucht: F'.

Lösung:

$$\begin{aligned} F'(t) &= \int_{\pi}^{2\pi} \frac{1}{x}(\sin xt)_t dx = \int_{\pi}^{2\pi} \frac{1}{x}\cos xt \cdot x\, dx \\ &= \int_{\pi}^{2\pi} \cos xt\, dx = \frac{1}{t}\sin xt\Big|_{\pi}^{2\pi} = \frac{1}{t}(\sin 2\pi t - \sin \pi t). \end{aligned}$$

2) (Balkenbiegung)

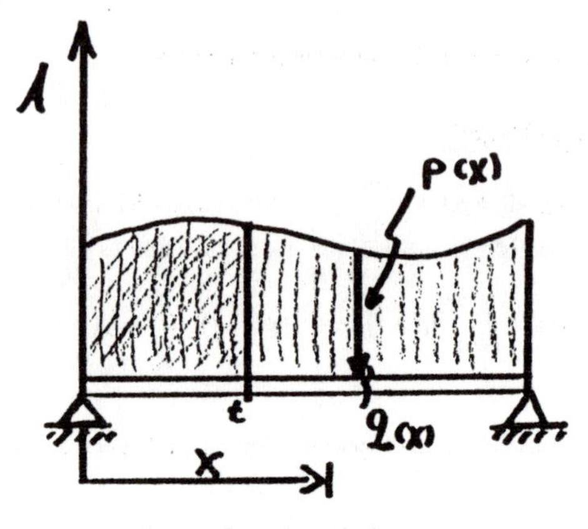

[Fig. 9. 30]

$p(x)$ ist die Belastung pro Längeneinheit an der Stelle x. A ist die Auflagerreaktionskraft auf der linken Seite. Die Querkraft $q(x)$ ist

$$q(x) = A - \int_0^x p(t)dt.$$

Das Biegemoment bei x ist

$$M(x) = Ax - \int_0^x (x-t)p(t)dt.$$

Wir wollen zeigen, daß $M' = q$ ist. Tatsächlich gilt

$$M(x) = Ax - x\int_0^x p(t)dt + \int_0^x tp(t)dt$$

und somit $M'(x) = A - \int_0^x p(t)dt - xp(x) + xp(x) = q(x)$.

X. Tensoren, Quadratische Formen

X. 1. Tensoren und Koordinatentransformationen

Wie bei den Vektoren wollen wir auch hier zunächst die Tensoren als geometrische Objekte einführen. Dazu betrachten wir die Verzerrung des von den 4 Punkten P, Q, R, S, bestimmten Parallelogrammes.

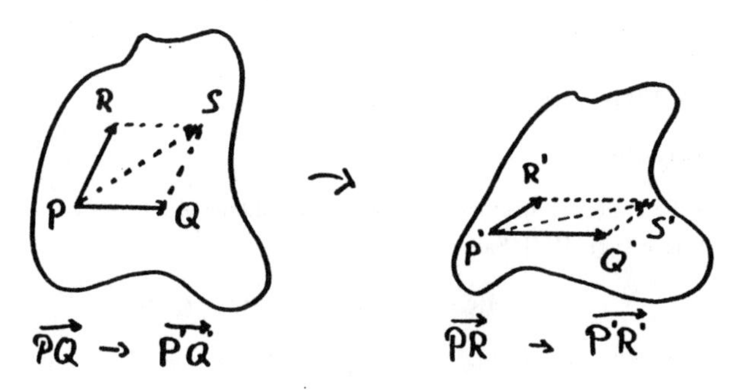

[Fig. 10. 1]

Dadurch ist eine Abbildung $f : V^2 \longrightarrow V^2$ definiert. Diese sei linear. D. h. es soll gelten:

$$f(\overrightarrow{PQ} + \overrightarrow{PR}) = f(\overrightarrow{PS}) = \overrightarrow{P'S'} = \overrightarrow{P'Q'} + \overrightarrow{P'R'} = f(\overrightarrow{PQ}) + f(\overrightarrow{PR})$$

und

$$f(\lambda\,\overrightarrow{PQ}) = \lambda\,\overrightarrow{P'Q'} = \lambda\,f(\overrightarrow{PQ}).$$

Eine solche Abbildung nennt man einen **geometrischen Tensor 2. Stufe**.

Definition 10.1.1:

Es sei V^n ein n dimensionaler Raum. Die Abbildung $A : V^n \longrightarrow V^n$ mit den Eigenschaften:

$$\begin{aligned} A(\underline{a} + \underline{b}) &= A(\underline{a}) + A(\underline{b}), \quad \underline{a}, \underline{b} \in V^n \\ A(\lambda\,\underline{a}) &= \lambda\,A(\underline{a}), \qquad \lambda \in \mathbb{R}, \underline{a} \in V^n \end{aligned}$$

heißt **Tensor (2. Stufe)**.

∎

Zunächst wollen wir uns — wie auch bei Vektoren — die Koordinatendarstellung eines Tensors T bezüglich einer orthogonalen Basis ansehen.

Die orthogonale Basis sei gegeben durch

$$\underline{e}_1, \underline{e}_2, \cdots\cdots, \underline{e}_n.$$

Dann ist

$$T(\underline{e}_1) = \sum_{j=1}^{n} t_{j1}\underline{e}_j, \quad \cdots\cdots, \quad T(\underline{e}_n) = \sum_{j=1}^{n} t_{jn}\underline{e}_j .$$

Damit treffen wir folgende Konvention: Der Tensor T wird bzgl. eines festen Koordinatensystems mit der Matrix (t_{ji}) mit $t_{ji} = T(\underline{e}_i)\cdot\underline{e}_j$ identifiziert. Die Matrixelemente t_{ji} heißen Koordinaten des Tensors.

Beispiel 10.1.2 (Geometrische Tensoren):

(1): Vektorprodukt:

Es sei $\underline{a} \in V^3$ ein fester Vektor. Dann ist die Abbildung $A : V^3 \to V^3$ mit $A(\underline{v}) = \underline{a} \times \underline{v}$, $\underline{v} \in V^3$ ein Tensor (vgl. HMI. Satz 2.1.23). Also ist

$$t_{ji} = A(\underline{e}_i)\cdot\underline{e}_j = (\underline{a} \times \underline{e}_i)\cdot\underline{e}_j = \langle \underline{a}, \underline{e}_i, \underline{e}_j \rangle.$$

Aus Satz 2.1.23 folgt $t_{ii} = 0$ und $t_{ij} = -t_{ji}$ für $i,j = 1,2,3$, d. h. A ist antisymmetrisch, und

$$t_{12} = \begin{vmatrix} a_1 & a_2 & a_3 \\ 0 & 1 & 0 \\ 1 & 0 & 0 \end{vmatrix} = -a_3, \quad t_{13} = \begin{vmatrix} a_1 & a_2 & a_3 \\ 0 & 0 & 1 \\ 1 & 0 & 0 \end{vmatrix} = a_2, \quad t_{23} = \begin{vmatrix} a_1 & a_2 & a_3 \\ 0 & 0 & 1 \\ 0 & 1 & 0 \end{vmatrix} = -a_1.$$

Also hat der Tensor A folgende Koordinatendarstellung:

$$A = \begin{pmatrix} 0 & -a_3 & a_2 \\ a_3 & 0 & -a_1 \\ -a_2 & a_1 & 0 \end{pmatrix}.$$

(2): Projektionstensor:

Es sei $\underline{b} \in V^n$ ein fester Vektor. Dann ist die Projektionsabbildung

$$P(\underline{x}) = \mathrm{Proj}_{\underline{b}}\,\underline{x} = \frac{\underline{x}\cdot\underline{b}}{\|\underline{b}\|^2}\,\underline{b}$$

ein Tensor (vgl. HMI. Satz 2.1.9). Die Koordinatendarstellung von P ist

$$P_{ji} = P(\underline{e}_i)\cdot\underline{e}_j = \frac{\underline{e}_i\cdot\underline{b}}{\|\underline{b}\|^2}\,\underline{b}\cdot\underline{e}_j = \frac{b_i\,b_j}{\|\underline{b}\|^2}.$$

(3): Dyadisches Produkt zweier Vektoren:

Es seien $\underline{u}, \underline{v} \in V^n$ zwei feste Vektoren. Dann ist die Abbildung

$$D(\underline{w}) = D_{\underline{u}\underline{v}}(\underline{w}) := \underline{u}(\underline{v} \cdot \underline{w}), \qquad \underline{w} \in V^n$$

ein Tensor. Die Koordinatendarstellung von D ist

$$d_{ji} = D(\underline{e}_i) \cdot \underline{e}_j = [\underline{u}(\underline{v} \cdot \underline{e}_i)] \cdot \underline{e}_j = (\underline{u} \cdot \underline{e}_j)(\underline{v} \cdot \underline{e}_i) = u_j \cdot v_i.$$

Also ist

$$D = \begin{pmatrix} u_1v_1 & u_1v_2 & \cdots & u_1v_n \\ u_2v_1 & u_2v_2 & \cdots & u_2v_n \\ \cdots & \cdots & \cdots & \cdots \\ u_nv_1 & u_nv_2 & \cdots & u_nv_n \end{pmatrix} = \underline{u}\,\underline{v}^T$$

das dynadische Produkt von $\underline{u}$ und $\underline{v}$.

(4): Spiegelungstensor:

Sei $\underline{u} \in V^n$ mit $\|\underline{u}\| = 1$, dann bewirkt

$$S_{\underline{u}} = 1 - 2D_{\underline{u}\underline{u}}$$

eine Spiegelung an der Ebene $E : \underline{u} \cdot \underline{x} = 0$. $S_{\underline{u}}$ heißt **Spiegelungstensor**.

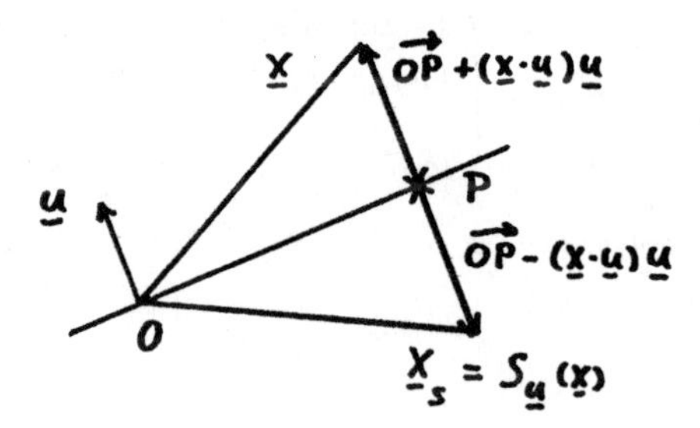

[Fig. 10. 2]

Sei $\underline{x} \in E$, so gilt

$$S_{\underline{u}}(\underline{x}) = \underline{x} - 2\underline{u}\underbrace{(\underline{u} \cdot \underline{x})}_{=0} = \underline{x}.$$

Sei nun $\underline{x} \notin E$ und $\underline{x} = \underline{x}_E + \underline{x}_\perp$ die Zerlegung in einen Teil der in E liegt und in einen Teil senkrecht dazu.

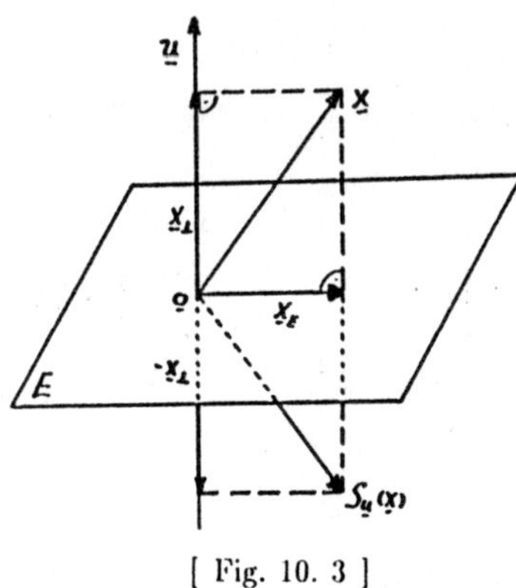

[Fig. 10. 3]

Wegen $\underline{x}_\perp = \underline{u}(\underline{u} \cdot \underline{x})$ (mit $\|\underline{u}\| = 1$, vgl. Projektionstensor) gilt dann

$$\underline{y} = S_{\underline{u}}(\underline{x}) = \underline{x} - 2\underline{u}(\underline{u} \cdot \underline{x}) = \underline{x} - 2\underline{x}_\perp = \underline{x}_E - \underline{x}_\perp.$$

Die Koordinatendarstellung ergibt sich nach Punkt (3) sofort zu

$$S_{\underline{u}} = E - 2\underline{u} \cdot \underline{u}^T = \begin{pmatrix} 1 - 2u_1^2 & u_1 u_2 & \cdots & u_1 u_n \\ u_2 u_1 & 1 - 2u_2^2 & \cdots & u_2 u_n \\ \cdots & \cdots & \cdots & \cdots \\ u_n u_1 & u_n u_2 & \cdots & 1 - 2u_n^2 \end{pmatrix}.$$

1) $S_{\underline{u}}$ ist eine symmetrische Matrix.

2) $S_{\underline{u}}$ ist orthogonal.

Beweis: Es gilt

$$S_{\underline{u}}^T S_{\underline{u}} = S_{\underline{u}}^2 = \left(E - 2\underline{u}\underline{u}^T\right)^2 = E - 4\underline{u}\underline{u}^T + 4\underline{u}\underline{u}^T\underline{u}\underline{u}^T = E, \quad \text{denn} \quad \underline{u}^T\underline{u} = 1.$$

3) Damit ist auch gezeigt, daß $S_{\underline{u}}^2 = E$ ist. Also führt doppelte Spiegelung auf den Ausgangsvektor zurück.

4) Es gilt $\det(S_{\underline{u}}) = -1$.

<u>Beweis:</u>

Da $S_{\underline{u}}(\underline{u}) = \underline{u} - 2\underline{u} = -\underline{u}$ gilt, ist -1 ein Eigenwert von $S_{\underline{u}}$. Ist nun $\underline{y} \perp \underline{u}$, so gilt $S_{\underline{u}}(\underline{y}) = \underline{y}$, also ist 1 Eigenwert zu allen senkrecht auf $\underline{u}$ stehenden Vektoren. Nach HMI. Satz 3.3.15 gibt es eine orthogonale Matrix P, so daß

$$P^T S_{\underline{u}} P = \begin{pmatrix} -1 & & & \\ & 1 & & \\ & & \ddots & \\ & & & 1 \end{pmatrix}$$

gilt. Daraus folgt

$$\det(P^T S_{\underline{u}} P) = \underbrace{[\det(P)]^2}_{=1} \det S_{\underline{u}} = -1.$$

(5): Drehtensor (Drehungen im Raum $\mathbb{R}^3$ um eine feste Drehachse):

Es sei $\underline{a} \neq \underline{0}$ ein Vektor in V^3. Die Abbildung $D_{\underline{a}}(\varphi)$, die alle Vektoren in V^3 um $\underline{a}$ gegen die Uhrzeigerrichtung um einen Winkel φ dreht, ist ein Tensor.

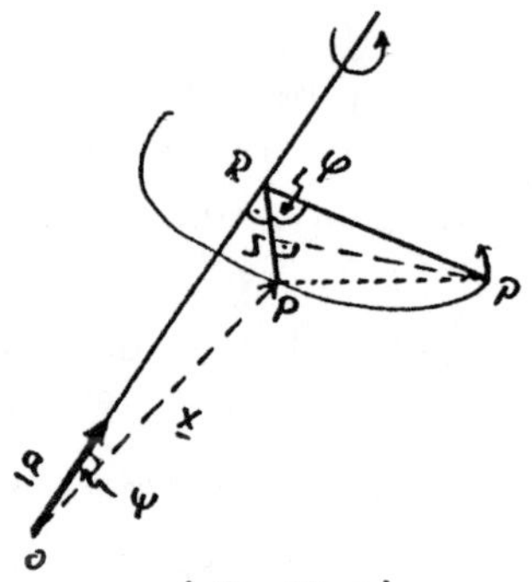

[Fig. 10. 4]

$D_{\underline{a}}(\varphi)$ heißt **Drehtensor**. $\underline{a}$ heißt **Richtung der Drehachse**. Im folgenden nehmen wir o. B. d. A. an, daß $\|\underline{a}\| = 1$ ist. Es gilt offensichtlich gemäß Fig. 10.4

$$\overrightarrow{OP'} = \overrightarrow{OR} + \overrightarrow{RS} + \overrightarrow{SP'}.$$

Es gilt

$$\overrightarrow{OR} = \operatorname{Proj}_{\underline{a}} \underline{x} = \frac{(\underline{x} \cdot \underline{a})}{\|\underline{a}\|^2} \underline{a} = (\underline{a} \cdot \underline{x})\, \underline{a}.$$

Da $\overrightarrow{SP'}$ und $\underline{a} \times \underline{x}$ gleiche Richtung haben, gilt dann

$$\overrightarrow{SP'} = \|\overrightarrow{SP'}\| \frac{\underline{a} \times \underline{x}}{\|\underline{a} \times \underline{x}\|} = \|\overrightarrow{RP'}\| \sin\varphi \frac{\underline{a} \times \underline{x}}{\underbrace{\|\underline{a}\|}_{=1} \cdot \|\underline{x}\| \cdot \sin\psi}$$

und wegen $\|\overrightarrow{RP'}\| = \|\overrightarrow{RP}\|$, $\|\overrightarrow{RP}\| = \|\underline{x}\| \sin\psi$ folgt $\overrightarrow{SP'} = (\underline{a} \times \underline{x}) \sin\varphi$.

Es gilt offensichtlich noch

$$\overrightarrow{RS} = \overrightarrow{RP} \cdot \cos\varphi = (\underline{x} - \overrightarrow{OR}) \cos\varphi = (\underline{x} - (\underline{a} \cdot \underline{x})\underline{a}) \cos\varphi.$$

Damit erhalten wir die Darstellung des Drehtensors um die durch $\underline{a}$ bestimmte Achse.

$$D_{\underline{a}}(\varphi)(\underline{x}) = \overrightarrow{OR} + \overrightarrow{RS} + \overrightarrow{SP'} = \underline{x} \cos\varphi + (1 - \cos\varphi)(\underline{a} \cdot \underline{x})\underline{a} + (\underline{a} \times \underline{x}) \sin\varphi.$$

$\underline{a}$ ist Eigenvektor zum Eigenwert 1, denn

$$D_{\underline{a}}(\varphi)(\underline{a}) = \underline{a} \cos\varphi + (1 - \cos\varphi)\underline{a} + \underline{0} = \underline{a}.$$

Die Matrixdarstellung von $D_{\underline{a}}(\varphi)$ ist (mit (1) und (3))

$$D_{\underline{a}}(\varphi) = \cos\varphi \begin{pmatrix} 1 & 0 & 0 \\ 0 & 1 & 0 \\ 0 & 0 & 1 \end{pmatrix} + (1 - \cos\varphi) \begin{pmatrix} a_1^2 & a_1 a_2 & a_1 a_3 \\ a_2 a_1 & a_2^2 & a_2 a_3 \\ a_3 a_1 & a_3 a_2 & a_3^2 \end{pmatrix} + \sin\varphi \begin{pmatrix} 0 & -a_3 & a_2 \\ a_3 & 0 & -a_1 \\ -a_2 & a_1 & 0 \end{pmatrix}.$$

Z. B.: die Darstellung von der Drehung um $\underline{e}_3$–Achse ($a_1 = a_2 = 0,\ a_3 = 1$) ist

$$E_3(\varphi) := D_{\underline{e}_3}(\varphi) = \begin{pmatrix} \cos\varphi & -\sin\varphi & 0 \\ \sin\varphi & \cos\varphi & 0 \\ 0 & 0 & 1 \end{pmatrix};$$

Die Darstellung von der Drehung um $\underline{e}_2$–Achse ($a_1 = a_3 = 0,\ a_2 = 1$) ist

$$E_2(\varphi) := D_{\underline{e}_2}(\varphi) = \begin{pmatrix} \cos\varphi & 0 & \sin\varphi \\ 0 & 1 & 0 \\ -\sin\varphi & 0 & \cos\varphi \end{pmatrix};$$

Die Darstellung von der Drehung um $\underline{e}_1$–Achse ($a_1 = 1,\ a_2 = a_3 = 0$) ist

$$E_1(\varphi) := D_{\underline{e}_1}(\varphi) = \begin{pmatrix} 1 & 0 & 0 \\ 0 & \cos\varphi & -\sin\varphi \\ 0 & \sin\varphi & \cos\varphi \end{pmatrix}.$$

Es gilt offensichtlich $\det E_i = 1$ und $E_i^T E_i = E$ für $i = 1, 2, 3$.

Definition 10.1.3:

Die Matrizen $E_1(\varphi)$, $E_2(\varphi)$, $E_3(\varphi)$ heißen **Eulersche Drehmatrizen**

∎

Bemerkung 10.1.4:

1) Sei D die Matrixdarstellung des Drehtensors bzgl. $\underline{e}_1, \underline{e}_2, \underline{e}_3$ mit Drehachsenvektor $\underline{a}$ ($\|\underline{a}\| = 1$), dann gelten $D^T D = E$ (also ist D eine orthogonale Matrix) und $\det D = +1$.

   Beweis:

   Setzen wir $B\underline{x} = \underline{a} \times \underline{x}$ und sei B auch die entsprechende Matrixdarstellung, so gilt

$$\begin{aligned} B^T &= -B, \\ B^2\underline{x} &= \underline{a} \times (\underline{a} \times \underline{x}) = \underline{a}(\underline{a} \cdot \underline{x}) - \underline{x}, \quad \text{(vgl. HMI. Satz 2.1.32 bzw. } \|\underline{a}\| = 1) \\ B^3\underline{x} &= B(B^2\underline{x}) = \underline{a} \times (B^2\underline{x}) = -\underline{a} \times \underline{x} = -B\underline{x}, \end{aligned}$$

   also $B^3 = -B$, daraus folgt $B^4 = -B^2$. Damit erhalten wir

$$D\underline{x} := D_{\underline{a}}(\varphi)(\underline{x}) = E\underline{x} + (1 - \cos\varphi)B^2\underline{x} + \sin\varphi \cdot B\underline{x}.$$

   Also ist $\quad D^T = E + (1 - \cos\varphi)(B^2)^T + B^T \sin\varphi = E + (1 - \cos\varphi)B^2 - \sin\varphi\, B$.
   Daraus folgt mit $B^4 = -B^2$

$$\begin{aligned} D^T D &= \left[E + (1 - \cos\varphi)B^2 - \sin\varphi\, B\right]\left[E + (1 - \cos\varphi)B^2 + \sin\varphi\, B\right] \\ &= E + 2(1 - \cos\varphi)B^2 + (1 - \cos\varphi)^2 B^4 - \sin^2\varphi\, B^2 = E. \end{aligned}$$

   Im speziellen Fall $\underline{x} \perp \underline{a}$ mit $\|\underline{x}\| = 1$ erhalten wir $D\underline{a} = \underline{a}$, $D\underline{x} = \cos\varphi \cdot \underline{x} + \sin\varphi \cdot B\underline{x}$ und $D(B\underline{x}) = \cos\varphi \cdot B\underline{x} - \sin\varphi \cdot \underline{x}$. Daraus folgt

$$\begin{aligned} \det D &= \det D \cdot \underbrace{\det(\underline{a}, \underline{x}, B\underline{x})}_{=1} = \det(D(\underline{a}, \underline{x}, B\underline{x})) = \det(D\underline{a}, D\underline{x}, D(B\underline{x})) \\ &= [D\underline{a}, D\underline{x}, D(B\underline{x})] = [\underline{a},\ \cos\varphi \cdot \underline{x} + \sin\varphi \cdot B\underline{x},\ \cos\varphi \cdot B\underline{x} - \sin\varphi \cdot \underline{x}] \\ &= \cos^2\varphi[\underline{a}, \underline{x}, B\underline{x}] - \sin^2\varphi[\underline{a}, B\underline{x}, \underline{x}] = [\underline{a}, \underline{x}, B\underline{x}] = +1. \end{aligned}$$

2) Umgekehrt bewirkt ein Tensor ($\mathbb{R}^3 \to \mathbb{R}^3$) mit orthogonaler Matrix A und $\det(A) = +1$ eine Drehung des Raumes um $\underline{0}$ (vgl. Aufgabe 2 zu Kapitel X).

3) Ist P eine beliebige orthogonale Matrix, so gilt $[\det(P)]^2 = 1$, also $\det(P) = \pm 1$. Dann ist P Drehung oder Drehspiegelung.

∎

Bemerkung 10.1.5:

Sind T_1, T_2 zwei Tensoren in V^n und $\tilde{T}_1$, $\tilde{T}_2$ die entsprechenden Koordinatendarstellungen und wird der Tensor $T_1 \circ T_2$: $V^n \to V^n$ definiert durch $T_1 \circ T_2(\underline{x}) = T_1(T_2(\underline{x}))$, so hat $T_1 \circ T_2$ die Matrixdarstellung $\tilde{T}_1\tilde{T}_2$.

Beweis:

Wir hatten die Matrixkomponenten definiert zu:

$$\begin{aligned}(T_1 \circ T_2)_{ji} &= [T_1 \circ T_2(\underline{e}_i)] \cdot \underline{e}_j = [T_1(T_2(\underline{e}_i))] \cdot \underline{e}_j = \left[T_1\left(\sum_{k=1}^{n} t_{ki}^{(2)} \underline{e}_k\right)\right] \cdot \underline{e}_j \\ &= \left[\sum_{k=1}^{n} t_{ki}^{(2)} T_1(\underline{e}_k)\right] \cdot \underline{e}_j = \sum_{k=1}^{n} t_{ki}^{(2)} t_{jk}^{(1)} = \left(\tilde{T}_1\tilde{T}_2\right)_{ji}.\end{aligned}$$

∎

Satz 10.1.6:

Ist D eine Drehmatrix im $\mathbb{R}^3$ (d. h. $D^T D = E$ und $\det(D) = 1$), dann gibt es drei Winkel α, β, γ, so daß

$$D = E_1(\alpha)E_2(\beta)E_3(\gamma)$$

gilt. Umgekehrt ist $E_1(\alpha)E_2(\beta)E_3(\gamma)$ eine Drehmatrix.

Beweis:

1) Sei D eine orthogonale Matrix mit $\det(D) = 1$. Wir wählen zuerst ein $\tilde{\alpha}$ so, daß

$$\begin{aligned}(E_1(\tilde{\alpha})D)_{23} &= \left(\begin{pmatrix} 1 & 0 & 0 \\ 0 & \cos\tilde{\alpha} & -\sin\tilde{\alpha} \\ 0 & \sin\tilde{\alpha} & \cos\tilde{\alpha} \end{pmatrix}\begin{pmatrix} d_{11} & d_{12} & d_{13} \\ d_{21} & d_{22} & d_{23} \\ d_{31} & d_{32} & d_{33} \end{pmatrix}\right)_{23} \\ &= d_{23}\cos\tilde{\alpha} - d_{33}\sin\tilde{\alpha} = 0.\end{aligned}$$

ist, d. h. $(\cos\tilde{\alpha}, \sin\tilde{\alpha})^T$ senkrecht zu $(d_{23}, -d_{33})^T$ ist (Anmerkung: Ist $(d_{23}, -d_{33}) = (0,0)$, können wir ein beliebiges $\tilde{\alpha}$ wählen). Für dieses $\tilde{\alpha}$ ist

$E_1(\tilde{\alpha})DE_3(\tilde{\gamma}) =$

$$\begin{pmatrix} d_{11} & d_{12} & d_{13} \\ \underbrace{d_{21}\cos\tilde{\alpha} - d_{31}\sin\tilde{\alpha}}_{:=b_1} & \underbrace{d_{22}\cos\tilde{\alpha} - d_{32}\sin\tilde{\alpha}}_{:=b_2} & 0 \\ d_{21}\sin\tilde{\alpha} + d_{31}\cos\tilde{\alpha} & d_{22}\sin\tilde{\alpha} + d_{32}\cos\tilde{\alpha} & d_{23}\sin\tilde{\alpha} + d_{33}\cos\tilde{\alpha} \end{pmatrix}\begin{pmatrix} \cos\tilde{\gamma} & -\sin\tilde{\gamma} & 0 \\ \sin\tilde{\gamma} & \cos\tilde{\gamma} & 0 \\ 0 & 0 & 1 \end{pmatrix}.$$

Wir wählen nun $\tilde{\gamma}$ so, daß

$$\begin{cases} (E_1(\tilde{\alpha})DE_3(\tilde{\gamma}))_{21} = b_1\cos\tilde{\gamma} + b_2\sin\tilde{\gamma} = 0, \\ (E_1(\tilde{\alpha})DE_3(\tilde{\gamma}))_{22} = -b_1\sin\tilde{\gamma} + b_2\cos\tilde{\gamma} > 0. \end{cases}$$

gilt, d. h. $(\cos\tilde{\gamma}, \sin\tilde{\gamma})$ ist senkrecht zu (b_1, b_2) und hat die gleiche Richtung wie $(b_2, -b_1)$, weil $(b_2, -b_1)$ auch senkrecht zu (b_1, b_2) ist.

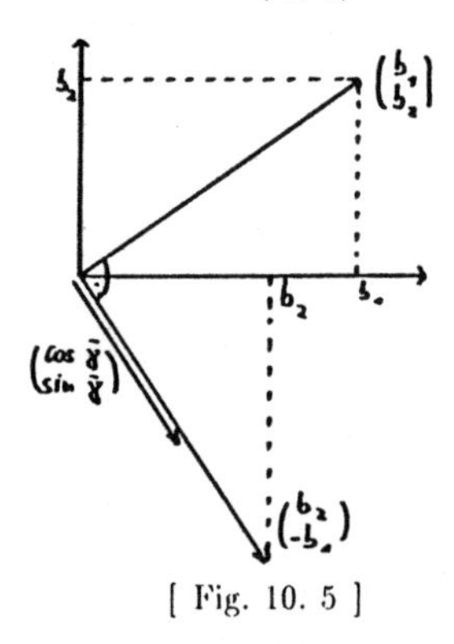

[Fig. 10. 5]

So ist $\tilde{\gamma}$ eindeutig bestimmt. Nun ist

$$E_1(\tilde{\alpha})DE_3(\tilde{\gamma}) = \begin{pmatrix} * & c_1 & * \\ 0 & b & 0 \\ * & c_2 & * \end{pmatrix}$$

eine orthogonale Matrix mit $\det(E_1(\tilde{\alpha})DE_3(\tilde{\gamma})) = 1$. Daraus folgt

$$\begin{cases} c_1^2 + b^2 + c_2^2 = 1, \\ b^2 = 1. \end{cases}$$

Da $b > 0$ ist, gilt $b = 1$ und $c_1 = c_2 = 0$. Dann können wir (mit Aufgabe 2 zu Kapitel X) ein β wählen, so daß

$$E_1(\tilde{\alpha})DE_3(\tilde{\gamma}) = E_2(\beta)$$

ist. Nun setzen wir $\alpha = -\tilde{\alpha}$, $\gamma = -\tilde{\gamma}$ und benutzen $E_j(-\varphi) = E_j^{-1}(\varphi)$ für $j = 1, 3$, so folgt

$$\boxed{D = E_1(\alpha)E_2(\beta)E_3(\gamma)}.$$

Geometrisch bedeutet dies:

(i): Drehung um γ um z–Achse,

(ii): Drehung um β um die neue y'–Achse,

(iii): Drehung um α um die neue x''–Achse.

Durch Angabe von drei Winkeln ist jede räumliche Drehung bestimmt.

2) Es seien umgekehrt $E_1(\alpha)$, $E_2(\beta)$ und $E_3(\gamma)$ Eulersche Drehmatrizen. Dann ist $D = E_1(\alpha)E_2(\beta)E_3(\gamma)$ eine Drehung als Hintereinanderausführung von drei Drehungen. Es gilt offensichtlich $D^T D = E$ und $\det D = \det E_1(\alpha) \cdot \det E_2(\beta) \cdot \det E_3(\gamma) = 1$. Also ist D eine Drehmatrix.

∎

Beispiel: $D = \begin{pmatrix} \frac{2}{3} & -\frac{1}{3} & \frac{2}{3} \\ \frac{2}{3} & \frac{2}{3} & -\frac{1}{3} \\ -\frac{1}{3} & \frac{2}{3} & \frac{2}{3} \end{pmatrix}$ ist eine Drehmatrix. Diese kann nun in drei Eulersche Drehmatrizen zerlegt werden. Es gilt

$$\begin{aligned} D &= E_1(\alpha)E_2(\beta)E_3(\gamma) \\ &= \begin{pmatrix} 1 & 0 & 0 \\ 0 & \frac{2}{\sqrt{5}} & -\frac{1}{\sqrt{5}} \\ 0 & \frac{1}{\sqrt{5}} & \frac{2}{\sqrt{5}} \end{pmatrix} \begin{pmatrix} \frac{\sqrt{5}}{3} & 0 & \frac{2}{3} \\ 0 & 1 & 0 \\ -\frac{2}{3} & 0 & \frac{\sqrt{5}}{3} \end{pmatrix} \begin{pmatrix} \frac{2}{\sqrt{5}} & -\frac{1}{\sqrt{5}} & 0 \\ \frac{1}{\sqrt{5}} & \frac{2}{\sqrt{5}} & 0 \\ 0 & 0 & 1 \end{pmatrix}. \end{aligned}$$

Zusammen mit der Definition von E_1, E_2, E_3 sind dann auch die Winkel α, β und γ bestimmt.

∎

Überraschenderweise kann man alle Drehmatrizen bereits aus nur zwei Typen von Eulerschen Drehmatrizen erhalten. Ähnlich wie Satz 10.1.6 beweist man

Satz 10.1.7:

Jede Drehmatrix D kann in der Form

$$\begin{aligned} D &= E_3(\psi)E_1(\delta)E_3(\varphi) \\ &= \begin{pmatrix} \cos\varphi\cos\psi - \sin\varphi\sin\psi\cos\delta & -\sin\varphi\cos\psi - \cos\varphi\sin\psi\cos\delta & \sin\psi\sin\delta \\ \cos\varphi\sin\psi + \sin\varphi\cos\psi\cos\delta & -\sin\varphi\sin\psi + \cos\varphi\cos\psi\cos\delta & -\cos\psi\sin\delta \\ \sin\varphi\sin\delta & \cos\varphi\sin\delta & \cos\delta \end{pmatrix} \end{aligned}$$

geschrieben werden.

∎

In der Physik und Technik treten z. B. folgende wichtige Tensoren auf: Dielektrischer Tensor; Polarisationstensor; Trägheitstensor; Deformationstensor; Spannungstensor usw..

(6): Der Spannungstensor.

In einem elastischen Körper sei ein Flächenstück F mit der Normalen $\underline{n}$, wobei $\|\underline{n}\| =: F_0$ der Flächeninhalt von F ist, herausgegriffen gedacht. Steht der Körper unter der Einwirkung äußerer Kräfte, dann ergibt sich die an dem Flächenstück angreifende Kraft zu $\underline{k} = T\underline{n}$. Dabei ist T ein Tensor, der die Flächenkraftdichte (Spannung) in Abhängigkeit von der Orientierung (Normalenrichtung) des Flächenstücks beschreibt.

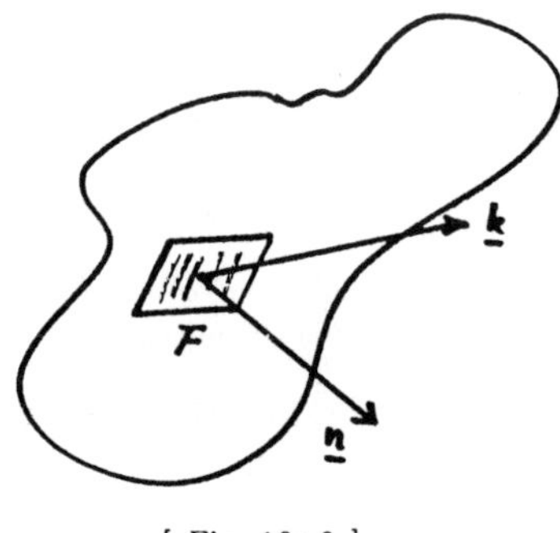

[Fig. 10. 6]

Durch Gleichgewichtsbetrachtungen überlegt man sich, daß T ein symmetrischer Tensor ist. Das Hauptspannungsproblem besteht nun darin, Richtungen zu finden, für welche die Kraft in Richtung der Flächennormalen weist (Zugspannungen). Dann gilt

$$T\underline{n} = \lambda\underline{n} = \underline{k}.$$

Mathematisch sind also die Eigenvektoren von T zu bestimmen. Da T eine reelle symmetrische Matrix ist, existieren orthogonale Eigenvektoren $\underline{n}_1$, $\underline{n}_2$ und $\underline{n}_3$ mit $\|\underline{n}_j\| = F_0$ für $j = 1, 2, 3$. Die zugehörigen Eigenwerte λ_1, λ_2 und λ_3 sind dann die Hauptspannungen, denn es gilt für $j = 1, 2, 3$

$$\lambda_j\underline{n}_j = \underline{k}_j \implies |\lambda_j|\|\underline{n}_j\| = \|\underline{k}_j\| \implies |\lambda_j| = \frac{\|\underline{k}_j\|}{F_0}.$$

Um ein geometrisches Bild der Spannungen zu erhalten, bildet man das **Tensorellipsoid**

$$Q(\underset{\sim}{n}) = T(\underset{\sim}{n}) \cdot \underset{\sim}{n} = \sum_{j=1}^{n} \sum_{i=1}^{n} t_{ij} n_i n_j = 1,$$

wobei $\underset{\sim}{n} \in V^3$ ist.

Zu dem symmetrischen Tensor T bilden wir die Matrix P, für die $P^T P = E$ und

$$P^T T P = \begin{pmatrix} \lambda_1 & 0 & 0 \\ 0 & \lambda_2 & 0 \\ 0 & 0 & \lambda_3 \end{pmatrix}$$

gilt. Mit $P^T \underset{\sim}{n} = \underset{\sim}{y}$ ergibt sich dann das **Tensorellipsoid** zu:

$$\begin{aligned} Q(\underset{\sim}{n}) &= \underset{\sim}{n}^T T \underset{\sim}{n} = \underbrace{\underset{\sim}{n}^T P}_{y^T} P^T T P \underbrace{P^T \underset{\sim}{n}}_{\underset{\sim}{y}} \\ &= \lambda_1 y_1^2 + \lambda_2 y_2^2 + \lambda_3 y_3^2 = 1. \end{aligned}$$

Es seien $\lambda_{min} = \min\{\lambda_1, \lambda_2, \lambda_3\}$ und $\lambda_{max} = \max\{\lambda_1, \lambda_2, \lambda_3\}$. Gilt nun z. B. $\lambda_1, \lambda_2, \lambda_3 > 0$ — dann ist dies wirklich ein Ellipsoid — so ist zunächst

$$\lambda_{min} \|\underset{\sim}{y}\|^2 \leq Q(\underset{\sim}{n}) \leq \lambda_{max} \|\underset{\sim}{y}\|^2$$

und wegen

$$\|\underset{\sim}{y}\|^2 = \underset{\sim}{y}^T \underset{\sim}{y} = \underset{\sim}{n}^T P P^T \underset{\sim}{n} = \underset{\sim}{n}^T \underset{\sim}{n} = \|\underset{\sim}{n}\|^2$$

folgt schließlich

$$\lambda_{min} \|\underset{\sim}{n}\|^2 \leq Q(\underset{\sim}{n}) \leq \lambda_{max} \|\underset{\sim}{n}\|^2.$$

Da $\|\underset{\sim}{n}\| = F_0$ ist, gilt dann

$$\lambda_{min} F_0^2 \leq Q(\underset{\sim}{n}) \leq \lambda_{max} F_0^2.$$

Nun war $Q(\underset{\sim}{n}) = T(\underset{\sim}{n}) \cdot \underset{\sim}{n} = \underset{\sim}{k} \cdot \underset{\sim}{n}$ und damit

$$\begin{aligned} \lambda_{min} &\leq \frac{1}{F_0} \frac{Q(\underset{\sim}{n})}{F_0} = \frac{1}{F_0} \frac{\underset{\sim}{k} \cdot \underset{\sim}{n}}{\|\underset{\sim}{n}\|} = \frac{1}{F_0} \|\mathrm{Proj}_{\underset{\sim}{n}} \underset{\sim}{k}\| \\ &= \text{Normalspannung} \leq \lambda_{max}. \end{aligned}$$

D. h. alle Normalspannungen liegen zwischen λ_{min} und λ_{max}.

∎

Nach diesen Beispielen wollen wir nun das Verhalten von Vektoren und insbesondere von Tensoren bei speziellen Transformationen des Koordinatensystems untersuchen.

(1): Translationen:

Es sei $\underline{a} \in V^3$ ein fester Vektor. Dann ist die Abbildung

$$\tilde{T} : \underline{x} \longmapsto \underline{x} - \underline{a}, \quad \underline{x} \in V^3$$

eine Translation.

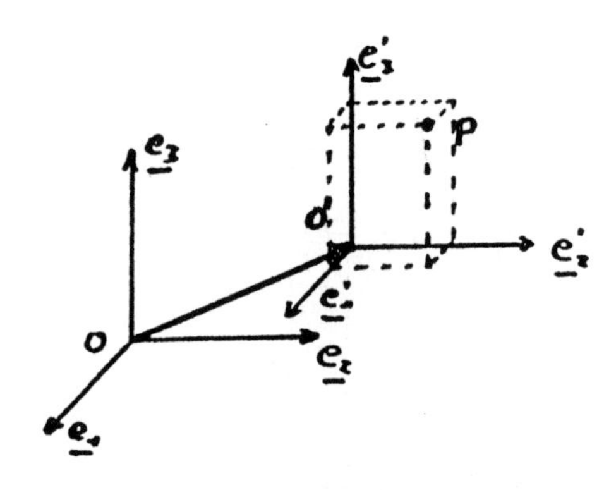

[Fig. 10. 7]

Offensichtlich ist $\tilde{T}$ für $\underline{a} \neq \underline{0}$ kein Tensor. Es gilt aber $\underline{e}_j' = \underline{e}_j$ für $j = 1, 2, 3$ und somit ändern sich für einen Tensor T die Koordinaten nicht. Sei T die Darstellung eines Tensors in $\underline{e}_1, \underline{e}_2, \underline{e}_3$ und T' die Darstellung des selben Tensors in $\underline{e}_1', \underline{e}_2', \underline{e}_3'$, so gilt $T = T'$.

(2): Orthogonale Trasformationen:

Sei P eine orthogonale Transformation des $\mathbb{R}^3$. Dann bestimmen

$$\underline{e}_j' = P\underline{e}_j, \qquad j = 1, 2, 3$$

wieder ein orthogonales Koordinatensystem. Wegen $P^T P = E$ gilt

$$P^T \underline{e}_j' = P^T P \underline{e}_j = \underline{e}_j$$

einerseits und

$$\langle \underline{e}_1', \underline{e}_2', \underline{e}_3' \rangle = (P\underline{e}_1 \times P\underline{e}_2) \cdot P\underline{e}_3 = (\det(P)) \underbrace{\langle \underline{e}_1, \underline{e}_2, \underline{e}_3 \rangle}_{=+1}.$$

Ist $\det(P) = +1$ (dann ist P eine Drehung), so ist $\underline{e}_1', \underline{e}_2', \underline{e}_3'$ wieder ein Rechtssystem.

1) Transformationsverhalten eines Vektors:

Es sei $\underline{a} = \sum_{i=1}^{3} a_i \underline{e}_i = \sum_{i=1}^{3} a'_i \underline{e}'_i$ und

$$\underline{e}'_i = p_{1i}\underline{e}_1 + p_{2i}\underline{e}_2 + p_{3i}\underline{e}_3 = \sum_{j=1}^{3} p_{ji}\underline{e}_j, \qquad i = 1,2,3.$$

Dabei seien $p_{ji} = (P\underline{e}_i)^T\underline{e}_j$ die Matrixelemente von P bezüglich der Basis $\underline{e}_1, \underline{e}_2, \underline{e}_3$. Dann gilt $\underline{e}_i = \sum_{j=1}^{3} p_{ij}\underline{e}'_j$ für $i = 1,2,3$. Daraus folgt

$$\underline{a} = \sum_{i=1}^{3} a_i \underline{e}_i = \sum_{i=1}^{3} a_i \left(\sum_{j=1}^{3} p_{ij}\underline{e}'_j\right) = \sum_{j=1}^{3}\left(\sum_{i=1}^{3} a_i p_{ij}\right)\underline{e}'_j.$$

D. h.

$$\boxed{a'_j = \sum_{i=1}^{3} a_i p_{ij}}.$$

2) Transformationsverhalten eines Tensors:

T sei der Tensor mit den Koordinaten t_{ji} im System $\underline{e}_1, \underline{e}_2, \underline{e}_3$ und mit den Koordinaten t'_{ji} im System $\underline{e}'_1, \underline{e}'_2, \underline{e}'_3$. D. h. für $i, j = 1,2,3$ sind $T(\underline{e}_i)\cdot\underline{e}_j = t_{ji}$ und $T(\underline{e}'_i)\cdot\underline{e}'_j = t'_{ji}$. Wie bestimmen sich nun die Koordinaten t'_{ji} aus t_{ji}? Es gilt

$$\begin{aligned} t'_{ji} &= T(\underline{e}'_i)\cdot\underline{e}'_j = T\left(\sum_{k=1}^{3} p_{ki}\underline{e}_k\right)\cdot\sum_{l=1}^{3} p_{lj}\underline{e}_l = \sum_{k=1}^{3} p_{ki}\left(T(\underline{e}_k)\cdot\sum_{l=1}^{3} p_{lj}\underline{e}_l\right) \\ &= \sum_{k=1}^{3} p_{ki}\sum_{l=1}^{3} p_{lj}\underbrace{T(\underline{e}_k)\cdot\underline{e}_l}_{=t_{lk}} = \sum_{k=1}^{3}\sum_{l=1}^{3} p_{lj}p_{ki}t_{lk}. \end{aligned}$$

Hat man es mit einem Basiswechsel zu nicht orthogonalen Basisvektoren zu tun, so werden die angegebenen Formeln etwas umfangreicher. Eine Anwendung derartiger nicht orthogonaler Basen findet man z. B. in der Kristallographie.

X. 2. Das Normalformenproblem von Bilinearformen

Bei der Extremwertsaufgaben hatten wir z. B. bereits Ausdrücke der Form

$$\underline{x}^T f_{\underline{x}\underline{x}}\, \underline{x} = \sum_{i,k} \alpha_{ik} x_i x_k$$

untersucht. Nun wollen wir dieses Problem noch etwas allgemeiner und genauer betrachten.

Wir gehen aus von der Gleichung

$$Q(\underline{x}) := \sum_{i,k=1}^{n} a_{ik} x_i x_k + 2 \sum_{k=1}^{n} b_k x_k + c$$

mit $a_{ik}, b_k, c \in \mathbb{R}$. Diese wird kurz geschrieben durch

$$Q(\underline{x}) = \underline{x}^T A \underline{x} + 2\underline{b}^T \underline{x} + c$$

mit der symmetrischen Matrix $A = (a_{ik})$, dem Spaltenvektor $\underline{b} = (b_1, b_2, \cdots, b_n)^T$.

Beispiel 10.2.1:

$$36x_1^2 - 24x_1x_2 + 29x_2^2 + 96x_1 - 22x_2 - 115 = 0$$

wird mit

$$A = \begin{pmatrix} 36 & -12 \\ -12 & 29 \end{pmatrix}, \quad \underline{b} = \begin{pmatrix} 48 \\ -11 \end{pmatrix}, \quad c = -115$$

zu $\underline{x}^T A \underline{x} + 2\underline{b}^T \underline{x} + c = 0$.

∎

Definition 10.2 2:

Die Menge der Punkte P mit $\overrightarrow{OP} = \underline{x} = (x_1, \cdots, x_n)^T$, welche die Gleichung $Q(\underline{x}) = 0$ erfüllen, heißt Hyperfläche 2 Grades oder kurz Quadrik im $\mathbb{R}^n$.

∎

Nun versuchen wir, durch Transformationen des Koordinatensystems $Q(\underline{x})$ in eine Darstellung eine Form zu bringen, aus der man die Form der Quadrik besser erkennen kann.

Zunächst betrachten wir eine Translation um $\underline{p}$

$$\underline{x} = \underline{x}' + \underline{p}.$$

Dann gilt

$$\begin{aligned} Q(\underline{x}'+\underline{p}) &= (\underline{x}'^T+\underline{p}^T)A(\underline{x}'+\underline{p})+2\underline{b}^T(\underline{x}'+\underline{p})+c \\ &= \underline{x}'^TA\underline{x}'+\underline{p}^TA\underline{x}'+\underbrace{\underline{x}'^TA^T\underline{p}}_{=\underline{p}^TA\underline{x}'}+2\underline{b}^T\underline{x}'+\underbrace{\underline{p}^TA\underline{p}+2\underline{b}^T\underline{p}+c}_{=Q(\underline{p})} \\ &= \underline{x}'^TA\underline{x}'+2\left[\underline{p}^TA+\underline{b}^T\right]\underline{x}'+Q(\underline{p}). \end{aligned}$$

Definition 10.2.3:

Ist die Gleichung $A\underline{p}=-\underline{b}$ lösbar, so besitzt $Q(\underline{x})=0$ ein Zentrum. Dieses ist

$$Z=\{\underline{p}\mid A\underline{p}=-\underline{b}\}.$$

Ist die Gleichung eindeutig lösbar, so ist $Z=\{\underline{m}\}$, und $\underline{m}$ heißt Mittelpunkt von $Q(\underline{x})=0$.

∎

Bemerkung 10.2.4:

Hat $Q(\underline{x})=0$ ein nichtleeres Zentrum Z, ist $\underline{p}\in Z$ und gilt $\underline{x}'A\underline{x}'+Q(\underline{p})=0$, dann liegt $\underline{x}=\underline{x}'+\underline{p}$ ebenfalls auf der Quadrik.

∎

Nun können wir bereits gewisse Normalformen der Hyperflächen zweiten Grades angeben.

Satz 10.2.5 (Normalformen einer Quadrik):

Jede Quadrik, definiert durch $Q(\underline{x})=0$, läßt sich mit Hilfe geeigneter Koordinatentransformationen auf eine der beiden folgenden Normalformen transformieren:

1) Falls $Z\neq\emptyset$:

$$\lambda_1y_1^2+\lambda_2y_2^2+\cdots+\lambda_ry_r^2+\gamma=0,$$

wobei $r=\text{Rang}(A)$ ist und $\lambda_1,\lambda_2,\cdots,\lambda_r$ die Eigenwerte von A bezeichnen, welche nicht Null sind.

2) Falls $Z=\emptyset$ (d. h. $A\underline{p}=-\underline{b}$ nicht lösbar):

$$\lambda_1y_1^2+\lambda_2y_2^2+\cdots+\lambda_ry_r^2+2\gamma y_n=0$$

mit $r=\text{Rang}(A)<n$, $\gamma>0$ und $\lambda_i\in\mathbb{R}\setminus\{0\}$ für $i=1,\cdots,r$.

Beweis:

Man bestimme zunächst die Eigenwerte $\lambda_1, \cdots, \lambda_n$ von A, die so numeriert werden, daß $\lambda_1, \cdots, \lambda_r \neq 0$ und $\lambda_{r+1} = \cdots = \lambda_n = 0$ gilt. Dazu bestimmt man ein System orthogonaler und normierter Eigenvektoren $\underline{p}_1, \cdots, \underline{p}_n$ und damit die orthogonale Matrix $P = (\underline{p}_1, \cdots, \underline{p}_n)$. Damit gilt dann

$$P^T A P = \operatorname{diag}(\lambda_1, \cdots, \lambda_n).$$

Man wählt P als Drehung, also mit $\det P = 1$, wobei man eventuell einen Eigenvektor $\underline{p}_j$ durch $-\underline{p}_j$ ersetzt.

Setzen wir nun eine Transformation des Standardkoordinatensystems $\underline{e}_1, \cdots, \underline{e}_n$ an durch $\underline{e}'_j = P\underline{e}_j$, so ist $\underline{e}'_1, \cdots, \underline{e}'_n$ wieder ein orthogonales und positiv orientiertes Koordinatensystem. Das Transformationsverhalten des Vektors $\underline{x}'$ ergibt sich aus

$$\underline{x}' = \sum_{k=1}^{n} x'_k \underline{e}_k = \sum_{k=1}^{n} y_k \underline{e}'_k$$

zu

$$y_k = \sum_{i=1}^{n} p_{ik} x'_i, \qquad \text{d. h.} \quad \underline{y} = P^T \underline{x}'.$$

Damit bilden wir wegen $\underline{x}' = P\underline{y}$

$$Q(\underline{x}' + \underline{p}) = (P\underline{y})^T A P \underline{y} + Q(\underline{p}) = 0,$$

falls ein Zentrum Z existiert und $\underline{p} \in Z$ ist. Dies liefert

$$\underline{y}^T P^T A P \underline{y} + Q(\underline{p}) = 0$$

und mit $Q(\underline{p}) = \gamma$ den Fall 1).

Nun existiere <u>kein</u> Zentrum, d. h. $Z = \emptyset$. Dann benutzen wir wieder die oben eingeführte Drehung P^T und erhalten, zunächst ohne zu verschieben, mit $\underline{e}'_j = P\underline{e}_j$ und $\underline{u} = P^T \underline{x}$

$$Q(\underline{x}) = Q(P\underline{u}) = \lambda_1 u_1^2 + \cdots + \lambda_r u_r^2 + 2\underline{b}^T P \underline{u} + c = 0.$$

Hier gilt sicher $r < n$. Wir betrachten deshalb den Term

$$\begin{aligned} 2\underline{b}^T P \underline{u} &= 2\underline{b}^T (\underline{p}_1, \underline{p}_2, \cdots, \underline{p}_n) \underline{u} \\ &= 2(\underline{b}^T \underline{p}_1, \underline{b}^T \underline{p}_2, \cdots, \underline{b}^T \underline{p}_n) \underline{u} \\ &= 2\underline{b}^T \underline{p}_1 u_1 + \cdots + 2\underline{b}^T \underline{p}_r u_r + \cdots + 2\underline{b}^T \underline{p}_n u_n. \end{aligned}$$

Die ersten r Summanden benutzen wir zur quadratischen Ergänzung und erhalten

$$\begin{aligned} Q(P\underline{u}) &= \lambda_1 \left(u_1 + \frac{\underline{b}^T \underline{p}_1}{\lambda_1}\right)^2 + \cdots + \lambda_r \left(u_r + \frac{\underline{b}^T \underline{p}_r}{\lambda_r}\right)^2 \\ &\quad + 2\underline{b}^T \underline{p}_{r+1} u_{r+1} + \cdots + 2\underline{b}^T \underline{p}_n u_n + c \\ &\quad - \lambda_1 \left(\frac{\underline{b}^T \underline{p}_1}{\lambda_1}\right)^2 - \cdots - \lambda_r \left(\frac{\underline{b}^T \underline{p}_r}{\lambda_r}\right)^2 . \end{aligned}$$

$\underline{p}_{r+1}, \cdots, \underline{p}_n$ sind Eigenvektoren zum Eigenwert 0, d. h. $A\underline{p}_j = 0$ für $j = r+1, \cdots, n$. Da $A\underline{x} = -\underline{b}$ nicht lösbar ist, muß $\mathrm{Rang}(A, \underline{b}) = r + 1$ sein. Deshalb können wir $n - r - 1$ Eigenvektoren

$$\underline{p}_{r+1}, \cdots\cdots, \underline{p}_{n-1}$$

so bestimmen, daß

$$\underline{b}^T \underline{p}_j = 0, \quad j = r+1, \cdots, n-1$$

gilt. $\underline{p}_n$ wird dann noch senkrecht zu diesen $\underline{p}_j$ bestimmt. Dann ist $\underline{b}^T \underline{p}_n \neq 0$, denn sonst wäre $\underline{p}_n$ eine Lösung von

$$\begin{pmatrix} A \\ \underline{b}^T \end{pmatrix} \underline{x} = \underline{0},$$

und somit linear abhängig vom Fundamentalsystem $\underline{p}_{r+1}, \cdots, \underline{p}_{n-1}$ dieser Gleichung.

Setzt man nun

$$y_1 = u_1 + \frac{\underline{b}^T \underline{p}_1}{\lambda_1}, \quad y_2 = u_2 + \frac{\underline{b}^T \underline{p}_2}{\lambda_2}, \quad \cdots\cdots, \quad y_r = u_r + \frac{\underline{b}^T \underline{p}_r}{\lambda_r},$$

und

$$\begin{aligned} y_{r+1} &= u_{r+1}, \quad \cdots\cdots, \quad y_{n-1} = u_{n-1}, \\ y_n &= u_n + \frac{1}{2\underline{b}^T \underline{p}_n} \left[c - \sum_{j=1}^{r} \lambda_j \left(\frac{\underline{b}^T \underline{p}_j}{\lambda_j}\right)^2 \right], \end{aligned}$$

so ergibt sich die Normalform 2) mit $\gamma = \underline{b}^T \underline{p}_n > 0$, falls wir eventuell das Vorzeichen von $\underline{p}_n$ noch verändern. Dann ist allerdings wieder die Bedingung

$$\det P = +1$$

durch eine weitere Vorzeichenänderung einzuhalten.

∎

Beispiel 10.2.6:

$x^2 + 2xy + y^2 - x + y + 4 = 0$ wird mit

$$A = \begin{pmatrix} 1 & 1 \\ 1 & 1 \end{pmatrix}, \quad \underline{b} = \frac{1}{2}\begin{pmatrix} -1 \\ 1 \end{pmatrix}, \quad c = 4$$

zu $\underline{x}^T A \underline{x} + 2\underline{b}^T \underline{x} + c = 0$. Wir bestimmen zunächst die Eigenwerte von A. Aus

$$|A - \lambda E| = \begin{vmatrix} 1-\lambda & 1 \\ 1 & 1-\lambda \end{vmatrix} = (1-\lambda)^2 - 1 = \lambda^2 - 2\lambda = 0$$

erhalten wir $\lambda_1 = 2$, $\lambda_2 = 0$. Damit ist $r = 1$. Nun bestimmen wir die Eigenvektoren. Zu $\lambda_1 = 2$: $A\underline{x} = \lambda_2 \underline{x} \iff -x + y = 0$, also ist $\underline{x}_1 = \frac{1}{\sqrt{2}}(1,1)^T$ ein normierter Eigenvektor. Zu $\lambda_2 = 0$: $A\underline{x} = 0\underline{x} = \underline{0} \iff x + y = 0$, also ist $\underline{x}_2 = \frac{1}{\sqrt{2}}(1,-1)^T$ auch ein normierter Eigenvektor. Somit ist

$$P = \begin{pmatrix} \frac{1}{\sqrt{2}} & \frac{1}{\sqrt{2}} \\ \frac{1}{\sqrt{2}} & -\frac{1}{\sqrt{2}} \end{pmatrix} \quad \text{und} \quad \det P = -\frac{1}{2} - \frac{1}{2} = -1.$$

Wir benutzen deshalb die Matrix

$$P = \begin{pmatrix} \frac{1}{\sqrt{2}} & -\frac{1}{\sqrt{2}} \\ \frac{1}{\sqrt{2}} & \frac{1}{\sqrt{2}} \end{pmatrix} \quad \text{mit} \quad \det P = 1.$$

Die Gleichung $\underline{x}^T A \underline{x} + 2\underline{b}^T \underline{x} + 4 = 0$ geht mit $\underline{x} = P\underline{u}$ zunächst über in

$$2u_1^2 + 2\frac{1}{2}\begin{pmatrix} -1 \\ 1 \end{pmatrix}^T \begin{pmatrix} \frac{1}{\sqrt{2}} & -\frac{1}{\sqrt{2}} \\ \frac{1}{\sqrt{2}} & \frac{1}{\sqrt{2}} \end{pmatrix} \begin{pmatrix} u_1 \\ u_2 \end{pmatrix} + 4 = 0.$$

Daraus folgt $2u_1^2 + \sqrt{2}u_2 + 4 = 0$. Mit $y_1 = u_1$, $y_2 = u_2 + \frac{4}{\sqrt{2}}$ ergibt sich dann $2y_1^2 + \sqrt{2}y_2 = 0$, was eine Parabel ist.

∎

Definition 10.2.7:

Die zum Beweis von Satz 10.2.5 durchgeführten Koordinatentransformationen nennt man **Hauptachsentransformation**. Im Fall 1) war dies die Translation $\underline{p}$, die O in O', den Ursprung des neuen Koordinatensystems, bringt ($O' \in Z$), und die Drehung $\underline{e}'_j = P\underline{e}_j$. Man nennt $\underline{e}'_j$ **Richtungen der Hauptachsen**. Im Fall 2) führt die Drehung sofort zu den Hauptachsen.

∎

Abschließend wollen wir noch für $n = 2$ einige Normalformen untersuchen.

Im Fall 1):

1) Es existiert Mittelpunkt $\underline{m}$, d. h. A^{-1} existiert. Dann ist $\lambda_1\lambda_2 \neq 0$. Wir erhalten

$$\lambda_1 y_1^2 + \lambda_2 y_2^2 = -\gamma. \qquad (*)$$

Ist $\lambda_1 > 0$ und $\lambda_2 > 0$, dann ist $(*)$ eine Ellipse im Fall $\gamma < 0$, ein Punkt wenn $\gamma = 0$ und die leere Menge für $\gamma > 0$. Ist $\lambda_1 < 0$ und $\lambda_2 < 0$, dann multipliziert man $(*)$ mit -1 und ist wieder im obigen Fall.

Ist $\lambda_1 > 0$ und $\lambda_2 < 0$ oder umgekehrt mit $\gamma \neq 0$, so liegt eine Hyperbel vor. Ist in diesem Fall $\gamma = 0$, so stellt $(\sqrt{|\lambda_1|}y_1)^2 - (\sqrt{|\lambda_2|}y_2)^2 = 0$ ein Geradenpaar dar.

2) Sei $Z \neq \emptyset$, jedoch $\lambda_2 = 0$, d. h. $\lambda_1 y_1^2 = -\gamma$. Dies ist ein paralleles Geradenpaar im Fall $\gamma \neq 0$ und eine Doppelgerade, wenn $\gamma = 0$.

Im Fall 2): Es gibt kein Zentrum. Also ist $\lambda_2 = 0$. Dann ist $\lambda_1 y_1^2 + 2\gamma y_2 = 0$ mit $\gamma > 0$ eine Parabel.

Aufgaben zu Kapitel 8

Aufgabe 1:

Zeigen Sie mit dem Mittelwertsatz folgende Ungleichungen:

a) $\sin x \leq x$ für $x \geq 0$,

b) $\sqrt{1+x} < 1 + \frac{1}{2}x$ für $x > 0$.

Lösung:

a) Da *sin* stetig differenzierbar ist, ist der Mittelwertsatz anwendbar. Es gilt

$$\frac{\sin x - \sin 0}{x - 0} = \sin' \xi = \cos \xi \leq 1$$

für ein $\xi \in (0, x)$, daraus folgt $\sin x \leq x$ für $x \geq 0$.

b) Da $\sqrt{1+x}$ für $x > 0$ stetig differenzierbar ist, gilt

$$\frac{\sqrt{1+x} - \sqrt{1+0}}{x - 0} = \frac{1}{2\sqrt{1+\xi}} < \frac{1}{2}$$

für ein $\xi \in (0, x)$, daraus folgt $\sqrt{1+x} - 1 < \frac{1}{2}x$ für $x > 0$.

Aufgabe 2:

Es sei $f : \mathbb{R} \to \mathbb{R}$ stetig differenzierbar und $\lim\limits_{x\to\infty} f'(x) = A > 0$. Beweisen Sie

$$\lim_{x\to\infty} \frac{f(x)}{x} = A.$$

Lösung:

Zeige zuerst $\lim\limits_{x\to\infty} f'(x) = A > 0 \Rightarrow \lim\limits_{x\to\infty} f(x) = \infty$.

Wegen $\lim\limits_{x\to\infty} f'(x) = A$ gibt es ein $x_0 > 0$ mit $f'(x) > \frac{A}{2}$ für alle $x > x_0$. Ferner gilt für $x > x_0$ nach dem Mittelwertsatz:

$$f(x) - f(x_0) = f'(\xi) \cdot (x - x_0)$$

für ein $\xi > x_0$. Also ist

$$f(x) = f'(\xi)(x - x_0) + f(x_0) > \frac{A}{2}(x - x_0) + f(x_0) \to \infty \quad \text{für } x \to \infty,$$

d.h. $\lim_{x\to\infty} f(x) = \infty$. Nun können wir die Regel von de l'Hospital anwenden:

$$\lim_{x\to\infty} \frac{f(x)}{x} = [\text{Fall } "\infty\infty"] = \lim_{x\to\infty} \frac{f'(x)}{1} = \lim_{x\to\infty} f'(x) = A \Rightarrow \text{Behauptung.}$$

Aufgabe 3:

Es sei $f : \mathbb{R} \to \mathbb{R}$ stetig differenzierbar , $f \not\equiv 0$ und $\lim_{x\to+\infty} f(x) = \lim_{x\to-\infty} f(x) = 0$. Dann gibt es ein x_0 mit $f'(x_0) = 0$.

Lösung:

Wegen $f \not\equiv 0$ gibt es ein $x_1 \in \mathbb{R}$ mit $f(x_1) \neq 0$, o.B.d.A. sei $f(x_1) > 0$ (sonst analog). Da f stetig ist und $\lim_{x\to-\infty} f(x) = 0$, gibt es ein $x_2 < x_1$ mit $f(x_2) = \frac{f(x_1)}{2}$. Genauso gilt wegen $\lim_{x\to+\infty} f(x) = 0 \; : \; \exists x_3 > x_1$ mit $f(x_3) = \frac{f(x_1)}{2}$. Nun sieht man mit dem Mittelwertsatz

$$\frac{f(x_3) - f(x_2)}{x_3 - x_2} = 0 = f'(\xi)$$

mit $\xi \in (x_2, x_3)$. Dieses ξ ist unser gesuchtes x_0.

Aufgabe 4:

Untersuchen Sie folgende Grenzwerte mit der Regel von de l'Hospital:

a) $\lim_{x\to 0+} (\frac{1}{x} - \frac{1}{e^x - 1})$ b) $\lim_{x\to\frac{\pi}{2}} \frac{\tan 5x}{\tan x}$

c) $\lim_{x\to\infty} \frac{\sqrt{1 + x^2}}{x}$ d) $\lim_{x\to 0+} (x^{\sqrt{x}}) \; (x > 0)$

e) $\lim_{x\to 0} \frac{\ln(1 + x) - x}{x^2}$ f) $\lim_{x\to 0+} (x^{\sin x}) \; (x > 0)$

Lösung:

a)
$$\begin{aligned} \lim_{x\to 0+} (\frac{1}{x} - \frac{1}{e^x - 1}) &= \lim_{x\to 0+} (\frac{e^x - 1 - x}{x(e^x - 1)}) = [\text{ Fall } "\tfrac{0}{0}"] \\ &= \lim_{x\to 0+} \frac{e^x - 1}{e^x + xe^x - 1} = [\text{ Fall } "\tfrac{0}{0}"] \\ &= \lim_{x\to 0+} \frac{e^x}{e^x + e^x + xe^x} = \lim_{x\to 0+} \frac{1}{2 + x} = \frac{1}{2}. \end{aligned}$$

b) $\lim\limits_{x\to\frac{\pi}{2}} \frac{\tan 5x}{\tan x} = [\text{ Fall } "\frac{0}{0}"] = \lim\limits_{x\to\frac{\pi}{2}} \frac{5(1+\tan^2 5x)}{1+\tan^2 x} = 5.$

c) $$\begin{aligned}\lim_{x\to\infty} \frac{\sqrt{1+x^2}}{x} &= [\text{ Fall } "\frac{\infty}{\infty}"] = \lim_{x\to\infty} \frac{2x}{2\sqrt{1+x^2}} \\ &= \lim_{x\to\infty} \frac{x}{\sqrt{1+x^2}} = [\text{ Fall } "\frac{\infty}{\infty}"] \\ &= \lim_{x\to\infty} \frac{1}{\frac{1}{2\sqrt{1+x^2}}2x} = \lim_{x\to\infty} \frac{\sqrt{1+x^2}}{x}.\end{aligned}$$

Somit ist wieder die Ausgangsfunktion erreicht, d.h. de l'Hospital führt nicht zum Ziel (dies ist kein Widerspruch!). Stattdessen:

$$\lim_{x\to\infty} \frac{\sqrt{1+x^2}}{x} = \lim_{x\to\infty} \sqrt{\frac{1}{x^2}+1} = 1.$$

d) $\lim\limits_{x\to 0+} (x^{\sqrt{x}})$ [Fall "0^0"]. Also umschreiben in $e^{\sqrt{x}\ln x}$. Zunächst ist

$$\begin{aligned}\lim_{x\to 0+} \sqrt{x}\ln x &= \lim_{x\to 0+} \frac{\ln x}{\frac{1}{\sqrt{x}}} = [\text{Fall } " -\infty\infty"] \\ &= \lim_{x\to 0+} \frac{\frac{1}{x}}{-\frac{1}{2\sqrt{x^3}}} = \lim_{x\to 0+} -2\sqrt{x} = 0,\end{aligned}$$

also $\lim\limits_{x\to 0+} (x^{\sqrt{x}}) = e^0 = 1$ (wegen der Stetigkeit von $x \mapsto e^x$).

e) $$\begin{aligned}\lim_{x\to 0} \frac{ln(1+x)-x}{x^2} &= [\text{ Fall } "\frac{0}{0}"] = \lim_{x\to 0} \frac{\frac{1}{1+x}-1}{2x} = \lim_{x\to 0} \frac{1-1-x}{(1+x)2x} \\ &= \lim_{x\to 0} \frac{-x}{2x(1+x)} = [\text{ kürzen }] = \lim_{x\to 0} \frac{-1}{2(1+x)} = -\frac{1}{2}.\end{aligned}$$

f) $\lim\limits_{x\to 0+} (x^{\sin x}) = [\text{ Fall } "0^0"]$. Also umschreiben in $e^{\sin x \ln x}$. Zunächst ist

$$\begin{aligned}\lim_{x\to 0+} \sin x \ln x &= \lim_{x\to 0+} \frac{\ln x}{\frac{1}{\sin x}} = [\text{Fall } " -\infty\infty"] \\ &= \lim_{x\to 0+} \frac{\frac{1}{x}}{\frac{-\cos x}{\sin^2 x}} = \lim_{x\to 0+} -\underbrace{\frac{\sin x}{x}}_{\to 1} \underbrace{\sin x}_{\to 0} \underbrace{\frac{1}{\cos x}}_{\to 1} = 0,\end{aligned}$$

also $\lim\limits_{x\to 0+} (x^{\sin x}) = e^0 = 1.$

Aufgabe 5:

Ermitteln Sie die Taylorreihe folgender Funktionen:

a) $f(x) = 2x^3 - x^2 + 5$ um $x_0 = -1$ ($x \in \mathbb{R}$),

b) $f(x) = \cos x$ um $x_0 = 0$ ($x \in \mathbb{R}$).

Lösung:

a) Es ist $f'(x) = 6x^2 - 2x$, $f''(x) = 12x - 2$, $f^{(3)}(x) = 12$ sowie $f^{(n)}(x) = 0\ \forall x \in \mathbb{R}$ falls $n \geq 4$ ist. Also $f'(-1) = 8$, $f''(-1) = -14$ und $f^{(3)}(-1) = 12$. Somit liefert der Satz von Taylor: $\forall x \in \mathbb{R}\ \exists \xi \in (-1, x)$ bzw. $\xi \in (x, -1)$ mit

$$\begin{aligned} f(x) &= f(-1) + (x+1)f'(-1) + \frac{(x+1)^2}{2}f''(-1) + \frac{(x+1)^3}{6}f^{(3)}(-1) + \frac{(x+1)^4}{24}f^{(4)}(\xi) \\ &= 2 + 8(x+1) - 7(x+1)^2 + 2(x+1)^3. \end{aligned}$$

Die Taylorreihe von f bricht also nach dem Term der Ordnung 3 ab und stellt trivialerweise f dar, und zwar für alle $x \in \mathbb{R}$.

b) Es ist $f'(x) = -\sin x$, $f''(x) = -\cos x$, $f^{(3)}(x) = \sin x$, $f^{(4)}(x) = \cos x$ und allgemein:

$$f^{(n)}(x) = \begin{cases} \cos x, & n = 4m \\ -\sin x, & n = 4m+1 \\ -\cos x, & n = 4m+2 \\ \sin x, & n = 4m+3 \end{cases} \quad m \in \mathbb{Z} \Rightarrow f^{(n)}(0) = \begin{cases} 1, & n = 4m \\ 0, & n = 4m+1 \\ -1, & n = 4m+2 \\ 0, & n = 4m+3 \end{cases} \quad m \in \mathbb{Z}.$$

Mit Taylor folgt:

$$f(x) = f(0) + \sum_{i=1}^{n} \frac{(x-0)^i}{i!}f^{(i)}(0) + \frac{(x-0)^{n+1}}{(n+1)!}f^{(n+1)}(\xi)$$

für ein ξ zwischen 0 und x. Dabei gilt für das Restglied

$$\left|\frac{x^{n+1}}{(n+1)!}f^{(n+1)}(\xi)\right| \leq \frac{|x^{n+1}|}{(n+1)!} \longrightarrow 0 \quad \text{für } n \to \infty,$$

d.h. die Taylorreihe konvergiert für alle $x \in \mathbb{R}$ gegen $f(x) = \cos x$. Dies bedeutet:

$$f(x) = 1 - \frac{x^2}{2!} + \frac{x^4}{4!} - \frac{x^6}{6!} \pm \cdots = \sum_{i=0}^{\infty} \frac{x^{2i}}{(2i)!}(-1)^i \qquad \text{(vgl.HM I).}$$

Aufgabe 6

Ersetzen Sie folgende Funktionen durch ihre Taylorpolynome 2.ten Grades und schätzen Sie den Fehler im angegebenen Bereich ab:

a) $f(x) = (1 + x^2) \arctan x$ um $x_0 = 1$ im Bereich $|x - 1| \leq \frac{1}{10}$,

b) $f(x) = ln(1 + x^2)$ um $x_0 = 0$ im Bereich $|x| \leq \frac{1}{10}$,

c) $f(x) = sin(\frac{\pi}{4} \cos x)$ um $x_0 = \pi$ im Bereich $|x - \pi| \leq \frac{1}{100}$.

Lösung:

$$\text{Allgemein: } T_2(x, x_0; f) = f(x_0) + \frac{x - x_0}{1} f'(x_0) + \frac{(x - x_0)^2}{2} f''(x_0),$$
$$R_2(x, x_0; f) = \frac{(x - x_0)^3}{6} f'''(\xi), \quad \xi \in (x, x_0) \text{ bzw. } \xi \in (x_0, x).$$

a) $f = (1 + x^2) \arctan x, \quad f' = 1 + 2x \arctan x,$

$f'' = \frac{2x}{1+x^2} + 2 \arctan x, \quad f''' = \frac{4}{(1+x^2)^2}.$

$$\begin{aligned}
T_2(x, 1; f) &= 2 \arctan 1 + (x_1)[2 \arctan 1 + 1] + \frac{(x - 1)^2}{2}[2 \arctan 1 + 1 + 0] \\
&= \frac{\pi}{2} + (\frac{\pi}{2} + 1)(x - 1) + \frac{1}{2}(\frac{\pi}{2} + 1)(x - 1)^2. \\
|R_2(x, 1; f)| &= \left| \frac{(x - 1)^3}{6} \left(\frac{2}{1 + \xi^2} + \frac{2(1 + \xi^2) - 4\xi^2}{(1 + \xi^2)^2} \right) \right| = \left| \frac{(x - 1)^3}{6} \frac{4}{(1 + \xi^2)^2} \right| \\
&\leq \frac{|x - 1|^3}{6} \leq \frac{2}{3} \cdot 10^{-3} \leq 67 \cdot 10^{-5}.
\end{aligned}$$

b) $f = ln(1 + x^2), \quad f' = \frac{2x}{1 + x^2}, \quad f'' = \frac{2 - 2x^2}{(1 + x^2)^2}, \quad f''' = \frac{4x^3 - 12x}{(1 + x^2)^3}.$

$$T_2(x, 0; f) = 0 + 0 + x^2, \qquad |R_2(x, 0; f)| = \left| \frac{x^3}{6} \frac{4\xi^3 - 12\xi}{(1 + \xi^2)^3} \right| \leq 25 \cdot 10^{-4}.$$

$$\begin{aligned}
\text{c) } f &= \sin(\tfrac{\pi}{4} \cos x), \qquad f' = \cos(\tfrac{\pi}{4} \cos x)(-\tfrac{\pi}{4} \sin x), \\
f'' &= -(\tfrac{\pi}{4} \sin x)^2 \sin \tfrac{\pi}{4} \cos x - \tfrac{\pi}{4} \cos x(\cos(\tfrac{\pi}{4} \cos x)), \\
f''' &= (\tfrac{\pi}{4} \sin x)^3 \cos \tfrac{\pi}{4} \cos x - (\tfrac{\pi}{2} \sin x) \tfrac{\pi}{4} \cos x \\
&\quad + \tfrac{\pi}{4} \sin x \cos(\tfrac{\pi}{4} \cos x) - \tfrac{\pi}{4} \cos x \sin(\tfrac{\pi}{4} \cos x) \tfrac{\pi}{4} \sin x.
\end{aligned}$$

$$f(\pi) = -\frac{1}{\sqrt{2}}, \qquad f'(\pi) = 0, \qquad f''(\pi) = \frac{\sqrt{2}\,\pi}{8}.$$

$$\begin{aligned} T_2(x,\pi;f) &= -\frac{1}{\sqrt{2}} + 0 + (x-\pi)^2\frac{\pi}{16}\sqrt{2}, \\ |R_2(x,\pi;f)| &\leq \left(\frac{\pi^3}{64} + \frac{\pi^2}{8} + \frac{\pi}{4} + \frac{\pi^2}{16}\right)\frac{10^{-6}}{6} \leq 6\cdot 10^{-7}. \end{aligned}$$

Aufgabe 7:

Ermitteln Sie durch einfaches Anwenden der Taylorformel folgende Grenzwerte:

a) $\lim\limits_{x\to 0} \dfrac{\sin x}{x + x^2}$,

b) $\lim\limits_{x\to 0} \dfrac{\cos(x^3) - 1}{x^2(\ln(1+\frac{x^2}{2}) - \frac{x^2}{2})}$,

c) $\lim\limits_{x\to 0} \dfrac{x \sin x}{(a^x - 1)(b^x - 1)}$.

Lösung:

a) $$\lim_{x\to 0} \frac{\sin x}{x + x^2} = \lim_{x\to 0} \frac{x - \frac{x^3}{6} + o(x^5)}{x + x^2} = 1.$$

b) $$\lim_{x\to 0} \frac{\cos(x^3) - 1}{x^2(\ln(1+\frac{x^2}{2}) - \frac{x^2}{2})} = \lim_{x\to 0} \frac{1 - \frac{x^6}{2} + \frac{x^{12}}{4!} - o(x^{18}) - 1}{x^2(\frac{x^2}{2} - \frac{x^4}{8} + \frac{x^6}{24} - o(x^8) - \frac{x^2}{2})} = 4.$$

c) $$\lim_{x\to 0} \frac{x \sin x}{(a^x - 1)(b^x - 1)}$$

$$= \lim_{x\to 0} \frac{x(x - \frac{x^3}{6} + o(x^5))}{(1 + \ln a \cdot x + \frac{(\ln a\cdot x)^2}{2} + o(x^3) - 1)(1 + \ln b \cdot x + \frac{(\ln b\cdot x)^2}{2} + o(x^3) - 1)}$$

$$= \frac{1}{\ln a \cdot \ln b}.$$

Aufgabe 8:

Sei $f : [a,b] \to I\!\!R$ rechtsseitig differenzierbar in a. Beweisen Sie: Wenn $f'(a) > 0$, so ist a ein lokales Minimum.

Beweis:

Es gilt für $x > a$

$$\begin{aligned} f(x) &= f(a) + f'(a)(x-a) + \varepsilon(x) = f(a) + (x-a)[f'(a) + \underbrace{\frac{\varepsilon(x)}{x-a}}_{\to 0}] \\ &\geq f(a) + \frac{1}{2}f'(a)(x-a), \qquad \text{für } x \geq a, \quad x \in U(a) \end{aligned}$$

(da $\varepsilon(x)$in einer Umgebung um a schnell sehr klein wird)
$\Rightarrow \exists \delta > 0$ so, daß $\forall x \in U_\delta(a) \cap [a, b]$ $f(x) \geq f(a) \Rightarrow a$ ist lokales Minimum.

Aufgabe 9:

Bestimmen Sie alle lokalen und globalen Extrema für

$$f(x) = \begin{cases} -(x-2)^2, & 0 \leq x \leq 4 \\ \frac{x}{4} - 1, & 4 < x \leq 6 \\ -(\frac{x}{6})^3, & 6 < x \end{cases}$$

Lösung:

f ist nicht stetig differenzierbar, sondern nur stückweise stetig differenzierbar.

Auf dem offenen Intervall $(0, 4)$ ist f differenzierbar und hat dort die Ableitung $f'(x) = -2(x-2) = 4 - 2x$. Bei $x = 2$ besitzt sie eine Nullstelle und wegen $f''(x) = -2$ dort, hat f an dieser Stelle ein lokales Maximum.

Die Ableitung von f echt zwischen 4 und 6 ist konstant ($f' = \frac{1}{4}$ dort) und somit von 0 verschieden. Auch für $x > 6$ hat $f' = -\frac{1}{2}(\frac{x}{6})^2$ keine Nullstelle mehr, da f' dort immer kleiner als 0 ist.

Untersuchen wir nun die Randpunkte:

f hat lokale Minima bei 0 und 4, da es eine Umgebung um 0 gibt so, daß für jedes x aus dem Schnitt dieser Umgebung mit dem Definitionsbereich mit f gilt: $f(0) \leq f(x)$. Gleiches gilt für den Punkt $x = 4$. Bei $x = 6$ befindet sich aus ähnlichen Überlegungen ein lokales Maximum, wobei es sich sogar um ein globales handelt, da es das größte lokale Maximum ist, und f nach links beschränkt ist und nach rechts monoton fällt. Aus diesem Grund existiert auch kein globales Minimum.

Zusammenfassend erhalten wir:

f hat lokale Minima bei 0 und 4, f hat lokale Maxima bei 2 und 6,
f hat kein globales Minimum und f hat ein globales Maximum bei 6.

Aufgabe 10:

Untersuchen Sie folgende Funktion auf lokale und globale Extrema:

$$f(x) = (x-1)^2 \cdot (x+2) \quad \text{auf} \quad [-10, 10].$$

Lösung:

Die Ableitung $f'(x) = 2(x-1)(3x+2)$ von f hat also die Nullstellen $x_{01} = 1$ und $x_{02} = -\frac{2}{3}$.

Die zweite Ableitung von f lautet

$$f''(x) = 6(x-1) + 6x + 4 = 12x - 2,$$

somit liegt bei x_{01} ein Minimum vor ($f''(1) = 10 > 0$), mit dem Wert $f(1) = 0$. Bei x_{02} liegt ein Maximum vor ($f''(-\frac{2}{3}) = -10 < 0$) und $f(-\frac{2}{3}) = \frac{100}{27}$.

Die globalen Extrema befinden sich an den Randpunkten: $f(10) = 81 \cdot 12 = 972$ ist das globale Maximum und $f(-10) = 121 \cdot (-8) = -968$ ist das globale Minimum.

Aufgabe 11:

Für die Funktion

$$f(x) = \frac{1}{\sigma \cdot \sqrt{2\pi}} \cdot e^{-\frac{(x-\alpha)^2}{2\sigma^2}}$$

mit $\sigma > 0$ und $\alpha \in \mathbb{R}$ sei Folgendes zu bestimmen:

Definitionsbereich D; Nullstellen; Stetigkeitsbereich S; Grenzwerte an den Randpunkten von D; Ableitungen in den Randpunkten (falls möglich); Asymptoten; relative und globale Extremwerte; Wendepunkte; Monotonieintervalle und Konvexitäts-(bzw. Konkavitäts-)bereiche.

Lösung:

f ist auf ganz $\mathbb{R}$ definiert (also D=$\mathbb{R}$) und besitzt dort keine Nullstellen.
Auch ist f stetig auf ganz D=$\mathbb{R}$ (also S=D=$\mathbb{R}$) und ebenfalls differenzierbar mit der Ableitung $f' = -\frac{1}{\sigma^3\sqrt{2\pi}} \cdot e^{-\frac{(x-\alpha)^2}{2\sigma^2}} \cdot (x-\alpha)$.
Der Grenzwert $\lim\limits_{x\to\pm\infty} f(x) = 0$, genauso wie $\lim\limits_{x\to\pm\infty} \frac{f(x)}{x} = 0$. Es gibt keinen Randpunkt, also auch keine Ableitung dort. f hat für $x \to \pm\infty$ jeweils die Asymptote $y = 0$.
Die einzige Nullstelle von f' befindet sich bei $x = \alpha$.
$f'' = -\frac{1}{\sigma^3\sqrt{2\pi}} \cdot e^{-\frac{(x-\alpha)^2}{2\sigma^2}} \cdot [-\frac{(x-\alpha)^2}{\sigma^2} + 1]$, also $f''(\alpha) < 0$, somit liegt für f bei $x = \alpha$ ein

lokales Maximum vor, welches gleichzeitig das globale Maximum ist, mit $f(\alpha) = \frac{1}{\sigma\sqrt{2\pi}}$. Ein lokales Minimum existiert ebensowenig, wie ein globales. Die Nullstellen von f'' sind an den Stellen $\alpha + \sigma$ und $\alpha - \sigma$,
$f''' = -\frac{1}{\sigma^3\sqrt{2\pi}} \cdot e^{-\frac{(x-\alpha)^2}{2\sigma^2}} \cdot [\frac{(x-\alpha)^2}{\sigma^4} - \frac{3(x-\alpha)}{\sigma^2}]$ und dies ist in $\alpha \pm \sigma$ jeweils $\neq 0$, woraus folgt, daß f in $\alpha + \sigma$ und $\alpha - \sigma$ je eine Wendestelle besitzt.
f ist monoton steigend für $x \leq \alpha$ und für $x \geq \alpha$ monoton fallend.
f ist konvex für $x \leq \alpha - \sigma$ und für $x \geq \alpha + \sigma$, konkav für $\alpha - \sigma \leq x \leq \alpha + \sigma$.

Aufgabe 12:

Bestimmen Sie das Taylorpolynom 2. Ordnung der Funktion

$$f : (x, y) \mapsto \cos(x + y^2), \qquad (x, y) \in \mathbb{R}^2$$

im Punkte $(\pi, 0)$.

Lösung:

Zu $f : \mathbb{R}^2 \to \mathbb{R}$, $f(x,y) = \cos(x + y^2)$ lautet das Taylorpolynom 2. Ordnung um (x_0, y_0):

$$T_2(\begin{pmatrix} x \\ y \end{pmatrix}, \begin{pmatrix} x_0 \\ y_0 \end{pmatrix}) = f(x_0, y_0) + Df(x_0, y_0) \cdot \begin{pmatrix} x - x_0 \\ y - y_0 \end{pmatrix} + \frac{1}{2} \cdot \begin{pmatrix} x - x_0 \\ y - y_0 \end{pmatrix}^T \cdot D^2 f(x_0, y_0) \cdot \begin{pmatrix} x - x_0 \\ y - y_0 \end{pmatrix}$$

Dabei gilt:

$$\begin{aligned}
f_x(x_0, y_0) &= -\sin(x_0 + y_0^2) = \sin(\pi) = 0, \\
f_y(x_0, y_0) &= -2y_0 \cdot \sin(x_0 + y_0^2) = 0, \\
f_{xx}(x_0, y_0) &= -\cos(x_0 + y_0^2) = -\cos(\pi) = 1, \\
f_{xy}(x_0, y_0) &= f_{yx}(x_0, y_0) = -2y_0 \cdot \cos(x_0 + y_0^2) = 0, \\
f_{yy}(x_0, y_0) &= -2 \cdot \sin(x_0 + y_0^2) - 4y_0^2 \cdot \cos(x_0 + y_0^2) = 0.
\end{aligned}$$

Also insgesamt:

$$T_2(\begin{pmatrix} x \\ y \end{pmatrix}, \begin{pmatrix} x_0 \\ y_0 \end{pmatrix}) = -1 + 0 + \frac{1}{2} \begin{pmatrix} x - \pi \\ y \end{pmatrix}^T \cdot \begin{pmatrix} 1 & 0 \\ 0 & 0 \end{pmatrix} \cdot \begin{pmatrix} x - \pi \\ y \end{pmatrix} = -1 + \frac{1}{2}(x - \pi)^2.$$

Aufgabe 13:

Es sei $G = \{(x,y,z)\,|\,x > 0\,,\,y > 0\,,\,z > 0\}$. Bestimmen Sie mit Hilfe der Lagrangeschen Methode das mögliche Minimum der Funktion

$$f(x,y,z) = (4+x)(1+y)(2+z)$$

auf G unter der Nebenbedingung $xyz \leq a^3$ ($a > 0$ fest).

Lösung:

Wir definieren $H := \{(x,y,z) \in G|\ xyz \leq a^3\}$. Notwendige Bedingung für das Vorliegen eines lokalen Extremums in H ist $f_x = f_y = f_z = 0$. Dabei sind

$$f_x = (1+y)(2+z), \quad f_y = (4+x)(2+z), \quad f_z = (4+x)(1+y).$$

Setzen wir also $f_x = (1+y)(2+z) = 0$, so muß entweder $y = -1$ oder $z = -2$ sein, was schon in G nicht möglich ist. Gleiches erhalten wir bei $f_y = 0$ und $f_z = 0$. Also gibt es im Inneren keine lokalen Extremwerte, man muß das mögliche Minimum also auf dem Rand von H suchen. Wir betrachten dazu:

$$[f(x,y,z) + \lambda(xyz - a^3)]_x = (1+y)(2+z) + \lambda yz = 0$$
$$[f(x,y,z) + \lambda(xyz - a^3)]_y = (4+x)(2+z) + \lambda xz = 0$$
$$[f(x,y,z) + \lambda(xyz - a^3)]_z = (4+x)(1+y) + \lambda xy = 0$$

$$\Leftrightarrow$$

$$2 + z + 2y + (\lambda+1)yz \;|\cdot x \quad x(2 + z + 2y) + (\lambda+1)a^3 = 0$$
$$8 + 4z + 2x + (\lambda+1)xz \;|\cdot y \quad y(8 + 4z + 2x) + (\lambda+1)a^3 = 0$$
$$4 + x + 4y + (\lambda+1)xy \;|\cdot z \quad z(4 + x + 4y) + (\lambda+1)a^3 = 0$$

$$\Leftrightarrow$$

$$2x + xz - 8y - 4yz = 0 \Leftrightarrow (x - 4y)(2+z) = 0 \Rightarrow x = 4y$$
$$2x + 2xy - 4z - 4yz = 0 \Leftrightarrow (2x - 4z)(1+y) = 0 \Rightarrow x = 2z$$
$$8y + 2xy - 4z - xz = 0 \Leftrightarrow (2y - z)(4+x) = 0 \Rightarrow z = 2y$$
$$\Rightarrow (x,y,z) = (4t, t, 2t)\;|\; t > 0$$

Wegen der Nebenbedingung

$$a^3 = xyz = 4t \cdot t \cdot 2t = 8t^3 \Rightarrow t = \frac{a}{2}$$

$$\Rightarrow (x,y,z) = (2a, \frac{a}{2}, a) \text{ mit } f(x,y,z) = 8(1+\frac{a}{2})^3 = (2+a)^3.$$

Aufgabe 14:

Zeigen Sie: $\|A\| = \sup_{\|x\|\le 1} \|Ax\| = \sup_{\|x\|=1} \|Ax\| = \max_{\|x\|=1} \|Ax\|.$

Beweis:

Nach Definition ist $\|A\| = \sup_{\|x\|\le 1} \|Ax\|$. Zeige erstens:

$$\sup_{\|x\|\le 1} \|Ax\| = \sup_{\|x\|=1} \|Ax\|.$$

Dazu nehmen wie an, dies wäre nicht der Fall. Dann muß

$$\sup_{\|x\|\le 1} \|Ax\| > \sup_{\|x\|=1} \|Ax\|$$

sein, da $\{x \mid \|x\| = 1\} \subset \{x \mid \|x\| \le 1\}$ ist. Sei nun $\tilde{x}$ so, daß $\|A\tilde{x}\| = \sup_{\|x\|\le 1} \|Ax\|$ mit $\|\tilde{x}\| < 1$, dann gilt $\|A\frac{\tilde{x}}{\|\tilde{x}\|}\| = \frac{1}{\|\tilde{x}\|}\|A\tilde{x}\| > \|A\tilde{x}\|$. Dies ist ein Widerspruch und daraus folgt die Behauptung.

Nun zeige: $\sup_{\|x\|=1} \|Ax\| = \max_{\|x\|=1} \|Ax\|$. Sei (x_n) eine Folge mit $\|x_n\| \le 1$ für alle n so, daß $\|\lim_{n\to\infty} x_n\| = 1$ und $\lim_{n\to\infty} \|Ax_n\| = \|A\|$. Sei weiter $M := \{x \mid \|x\| = 1\} \Rightarrow \sup_{\|x\|=1} \|Ax\| = \sup_{x\in M} \|Ax\|$, da $\|\lim_{n\to\infty} x_n\| = 1$ ist, muß ein $\tilde{x}$ existieren mit $\lim_{n\to\infty} x_n = \tilde{x}$ und $\tilde{x} \in M$ $\Rightarrow \sup_{x\in M} \|Ax\| = \max_{x\in M} \|Ax\|$ und das ist die zweite Behauptung.

Aufgabe 15:

Zeigen Sie $(\mathbb{R}^n, \|.\|)$ ist ein normierter Raum, wobei

$$\|x\| = \sum_{i=1}^{n} \omega_i |x_i|$$

die gewichtete 1-Norm sein soll $(\omega_1, \ldots, \omega_n \in (0.\infty))$.

Lösung:

1) $\|x\| \ge 0 \;\forall x \in \mathbb{R}^n$.

Da $|x_i| \ge 0 \;\forall x$ und $\omega_i > 0$ folgt $\sum_{i=1}^{n} \omega_i |x_i| \ge 0$.

2) $\|x\| = 0 \Leftrightarrow x = 0 \in \mathbb{R}^n$.

$x = 0 \Rightarrow x_i = 0 \; \forall i \in (1, \ldots, n) \Rightarrow \|x\| = 0$ (klar!);

$\|x\| = 0 \Rightarrow x = 0$, denn: Annahme: $x \neq 0 \Rightarrow \exists x_j$ mit $x_j \neq 0$ $\Rightarrow \|x\| = \sum_{i=1}^{n} \geq \omega_j |x_j| > 0$ Widerspruch!

3) $\|\alpha x\| = |\alpha| \|x\|$ für $\alpha \in \mathbb{R}$.

$\alpha x = \alpha(x_1, \ldots, x_n)^T = (\alpha x_1, \ldots, \alpha x_n)^T$

$\Rightarrow \|\alpha x\| = \sum_{i=1}^{n} \omega_i |\alpha x_i| = \sum_{i=1}^{n} \omega_i |\alpha| |x_i| = |\alpha| \sum_{i=1}^{n} \omega_i |x_i| = |\alpha| \|x\|$.

4) $\|x + y\| \leq \|x\| + \|y\|$ für $x, y \in R^n$.

$\|x + y\| = \sum_{i=1}^{n} \omega_i |x_i + y_i| \leq \sum_{i=1}^{n} \omega_i (|x_i| + |y_i|) = \sum_{i=1}^{n} \omega_i |x_i| + \sum_{i=1}^{n} \omega_i |y_i| = \|x\| + \|y\|$.

Aus 1) bis 4) folgt, daß $(\mathbb{R}^n, \|.\|)$ ein normierter Raum ist.

Aufgabe 16:

Weisen Sie die Existenz eines positiven Fixpunktes a der Abbildung

$$\rho(x) = \sqrt{3 + x}$$

in $[2, \; 2.5]$ mit dem Banachschen Fixpunktsatz nach. Wieviele Iterationen der Form $x_{n+1} = \rho(x_n)$ mit $x_0 = 2$ sind nötig, damit $|x_n - a| \leq 10^{-5}$ gilt?

Lösung:

Bemerkung vorab: Die Lösung $a = \frac{1+\sqrt{13}}{2}$ läßt sich natürlich sofort berechnen, es soll aber der Banachsche Fixpunktsatz benutzt werden.

Es ist für $x \in D := [2, \; 2.5]$

$$\rho'(x) = \frac{1}{2\sqrt{3 + x}} > 0,$$

d.h. ρ ist auf D monoton steigend. Somit gilt

$$\rho(D) = [\rho(2), \rho(2.5)] = [\sqrt{5}, \sqrt{5.5}] \subseteq D.$$

Ferner ist für $x \in D \quad |\rho'(x)| \leq \frac{1}{2\sqrt{5}} =: L < 1$ (es gilt $L \approx 0.23$). Somit erfüllt das Paar (ρ, D) die Vorraussetzungen des Banachschen Fixpunktsatzes; es gibt also ein $\bar{x} \in D$ mit

$\rho(\bar{x}) = \bar{x}$, d.h. $\bar{x} = \sqrt{3+\bar{x}}$ oder auch $\bar{x}^2 - \bar{x} - 3 = 0$. Wegen $\bar{x} \in D$ ist $\bar{x} > 0$, also ist $\bar{x}$ gleich dem gesuchten a. Weiter konvergiert für alle $x \in D$, also insbesondere für $x_0 = 2$, die Iteration $x_{n+1} = \rho(x_n)$ mit Startpunkt x_0 gegen $\bar{x}$ und es gilt die Fehlerabschätzung

$$|x_n - \bar{x}| \leq \frac{L^n}{1-L} \cdot |x_1 - x_0| < \frac{1}{10^5}.$$

Mit $x_0 = 2$, $x_1 = \rho(x_0) = \sqrt{5}$, $L = \frac{1}{2\sqrt{5}}$ erhält man (gerundet!):

$$L^n < \frac{1-L}{|x_1 - x_0| \cdot 10^5} \approx 3.29 \cdot 10^{-5} \Leftrightarrow n > \log_L\left(\frac{1-L}{|x_1 - x_0| \cdot 10^5}\right) \approx 6.89$$

($\log_L$ meint den Logarithmus zur Basis L). Somit hat man nach 7 Iterationen die gewünschte Genauigkeit erreicht.

Aufgabe 17:

Sei $g : \mathbb{R}^2 \to \mathbb{R}^2$ gegeben durch

$$g(x,y) := \begin{pmatrix} g_1(x,y) \\ g_2(x,y) \end{pmatrix} := \begin{pmatrix} e^x \cdot \cos y \\ e^x \cdot \sin y \end{pmatrix} \quad x, y, \in \mathbb{R}.$$

Zeigen Sie, daß g überall lokal umkehrbar ist, daß g aber nicht global auf $\mathbb{R}^2$ umkehrbar ist (d.h. daß g nicht injektiv ist).

Lösung:

Der Satz über die inverse Funktion besagt, daß g in jedem Punkt (x_0, y_0) lokal invertierbar ist, in dem $Dg(x_0, y_0)$ nicht singulär ist (d.h. in dem $\det(Dg(x_0, y_0)) \neq 0$ gilt). Es ist

$$\begin{aligned} \det(Dg(x_0,y_0)) &= \det\left(\left.\begin{pmatrix} \frac{\partial g_1}{\partial x} & \frac{\partial g_1}{\partial y} \\ \frac{\partial g_2}{\partial x} & \frac{\partial g_2}{\partial y} \end{pmatrix}\right|_{(x_0,y_0)} \right) = \det \begin{pmatrix} e^{x_0} \cdot \cos y_0 & -e^{x_0} \cdot \sin y_0 \\ e^{x_0} \cdot \sin y_0 & e^{x_0} \cdot \cos y_0 \end{pmatrix} \\ &= e^{2x_0} \cdot (\cos^2 y_0 + \sin^2 y_0) = e^{2x_0} \neq 0 \quad \forall\, x_0 \in \mathbb{R}. \end{aligned}$$

Daher ist g in jedem Punkt $(x_0, y_0) \in \mathbb{R}^2$ lokal invertierbar. Allerdings ist g nicht global auf $\mathbb{R}^2$ umkehrbar, denn es ist $g(0,0) = \binom{1}{0} = g(0, 2\pi)$, aber natürlich $(0,0) \neq (0, 2\pi)$.

Aufgabe 18:

Gegeben seien drei Meßwerte $(-1,0),(0,2),(8,7)$. Bestimmen Sie eine Gerade $g(x) = a \cdot x + b$, $a, b \in \mathbb{R}$ so, daß der Ausdruck

$$\sum_{i=1}^{3}(a \cdot x_i + b - y_i)^2$$

minimal wird.

Lösung:

Siehe Skript Satz 8.6.1 . Damit berechnet sich

$$a = \frac{k[y,x] - [x][y]}{k[x,x] - [x]^2} \quad b = \frac{[x,x][y] - [y,x][x]}{k[x,x] - [x]^2}.$$

Also hier

$$[y,x] = 0 + 0 + 56 = 56, \quad [x,x] = 1 + 0 + 64 = 65,$$

$$[x] = -1 + 0 + 8 = 7, \quad [y] = 0 + 2 + 7 = 9,$$

$$a = \frac{3 \cdot 56 - 7 \cdot 9}{3 \cdot 65 - 7 \cdot 7} = \frac{105}{146}, \quad b = \frac{65 \cdot 9 - 56 \cdot 7}{3 \cdot 65 - 7 \cdot 7} = \frac{193}{146}.$$

Somit erhalten wir als Lösungsgerade

$$g(x) = \frac{105}{146} \cdot x + \frac{193}{146}.$$

Aufgaben zu Kapitel 9

Aufgabe 1:

Es sei f stetig auf $[a,b]\backslash\{x_0\}$, wobei $x_0 \in (a,b)$ eine Unstetigkeitsstelle 1.Art sei. Zeige: f ist integrierbar.

Beweis:

f ist stetig auf $[a,x_0)$ und auf $(x_0,b]$ $\Rightarrow$ Die Integrale $\int_a^{x_0} f(x)\,dx$ und $\int_{x_0}^b f(x)\,dx$ existieren. Da f bei x_0 eine Unstetigkeitsstelle 1.Art besitzt, existieren weiterhin $\lim\limits_{x\to x_0^-} f(x)$ sowie $\lim\limits_{x\to x_0^+} f(x)$ und sie sind ungleich. Also existiert auch

$$\int_a^{x_0} f(x)\,dx + \int_{x_0}^b f(x)\,dx = \int_a^b f(x)\,dx.$$

Aufgabe 2:

Man berechne über die Definition des Integrals explizit den Wert von

$$\int_a^b x^2 dx \quad a,b \in \mathbb{R}.$$

Dabei darf die Existenz des Integrals vorausgesetzt werden.

Lösung:

Wähle z.B. die Zerlegungsfolge

$$\mathcal{Z}^{(n)} = \{a, a+\frac{b-a}{n}, \ldots, a+\frac{b-a}{n}\cdot(n-1), b\}$$

$\Rightarrow \|\mathcal{Z}^{(n)}\| = \dfrac{b-a}{n}$, also $\lim\limits_{n\to\infty} \|\mathcal{Z}^{(n)}\| = 0$. Als Zwischenpunkte wählen wir z.B. die Stellen

$$\xi_i^{(n)} := a + \frac{b-a}{n}\cdot i, \quad 1 \le i \le n.$$

Da das Integral nach Voraussetzung existiert (x^2 ist stetig auf ganz $\mathbb{R}$, also auch auf jedem Intervall, somit ist x^2 dort auch differenzierbar), gilt dann:

$$\int_a^b x^2 dx = \lim_{n\to\infty} \sum_{i=1}^n (a + \frac{b-a}{n} i)^2 \cdot \frac{b-a}{n}$$

$$
\begin{aligned}
&= \lim_{n\to\infty} \frac{b-a}{n} \cdot \left(\sum_{i=1}^{n} a^2 + \frac{2a(b-a)}{n} i + (\frac{b-a}{n})^2 i^2 \right) \\
&= \lim_{n\to\infty} \frac{b-a}{n} \cdot \left(na^2 + \frac{2a(b-a)}{n}\frac{n(n+1)}{2} + \frac{(b-a)^2}{n^2}\frac{1}{6} n(n+1)(2n+1) \right) \\
&\quad \left(\text{nach HMI ist bekannt: } \sum_{i=1}^{n} i = \frac{n(n+1)}{2} \text{ und } \sum_{i=1}^{n} i^2 = \frac{n(n+1)(2n+1)}{6} \right) \\
&= \lim_{n\to\infty} \left[(b-a)a^2 + a(b-a)^2 + \frac{1}{n} a(b-a)^2 + \frac{(b-a)^3}{n^3}\frac{1}{6} n(n+1)(2n+1) \right] \\
&= (b-a)a^2 + a(b-a)^2 + \frac{(b-a)^3}{3} \\
&= ba^2 - a^3 + ab^2 - 2a^2 b + a^3 + \frac{b^3}{3} - b^2 a + a^2 b - \frac{a^3}{3} = \frac{b^3 - a^3}{3}.
\end{aligned}
$$

Aufgabe 3:

Man beweise $\lim\limits_{n\to\infty} \sum\limits_{k=1}^{n} \frac{1}{n+k} = \ln 2.$

Beweis:

Es ist $f(x) = \frac{1}{x}$ auf $[1,2]$ stetig, also existiert $\int_1^2 \frac{1}{x} dx$. Aus HMI ist $\frac{d}{dx} \ln x = \frac{1}{x}$ bekannt, also folgt

$$\int_1^2 \frac{1}{x} dx = \ln 2 - \ln 1 = \ln 2.$$

Ferner betrachte man die Zerlegungsfolge $\mathcal{Z}^{(n)} = \{1, 1+\frac{1}{n}, 1+\frac{2}{n}, \ldots, 2\}$ von [1,2] $\Rightarrow$ $\lim\limits_{n\to\infty} \|\mathcal{Z}^{(n)}\| = \lim\limits_{n\to\infty} \frac{1}{n} = 0$. Dazu wähle man die Zwischenpunkte $\xi_k^{(n)} := 1 + \frac{k}{n}$. Dann folgt aus der Existenz des Integrals:

$$\ln 2 = \lim_{n\to\infty} \sum_{k=1}^{n} \frac{1}{1+\frac{k}{n}} \frac{1}{n} = \lim_{n\to\infty} \sum_{k=1}^{n} \frac{1}{n+k}.$$

Aufgabe 4:

a) Berechnen Sie die Bogenlänge der Pascalschen Schnecke

$$(x,y) = (\cos t(2\cos t + 1),\ \sin t(2\cos t + 1)), \qquad t \in [0, 2\pi].$$

b) Berechnen Sie die Bogenlänge der logarithmischen Spirale

$$(x, y) = \left(e^{-t} \cdot \cos t,\ e^{-t} \cdot \sin t\right), \qquad t \in [0, s],$$

wobei $s > 0$ sei. Was läßt sich im Grenzübergang $s \to \infty$ feststellen?

Lösung:

a) Die Länge der Pascalschen Schnecke beträgt:

$$\begin{aligned} l &= \int_0^{2\pi} \sqrt{(x')^2(t) + (y')^2(t)}\, dt \\ &= \int_0^{2\pi} \sqrt{(-\sin t(2\cos t + 1) + \cos t(-2\sin t))^2 + (\cos t(2\cos t + 1) + \sin t(-2\sin t))^2}\, dt \\ &= \int_0^{2\pi} \sqrt{\sin^2 t(2\cos t + 1)^2 + \cos^2 t(-2\sin t)^2 + \cos^2 t(2\cos t + 1)^2 + \sin^2 t(-2\sin t)^2}\, dt \\ &= \int_0^{2\pi} \sqrt{(2\cos t + 1)^2 + (-2\sin t)^2 dt} = \int_0^{2\pi} \sqrt{4\cos t + 5}\, dt. \end{aligned}$$

Eine weitere Umformung soll hier nicht verlangt sein!

b) Die Bogenlänge der logarithmischen Spirale beträgt:

$$\begin{aligned} l &= \int_0^s \sqrt{(e^{-t} \cdot \cos t)_t^2 + (e^{-t} \cdot \sin t)_t^2}\, dt \\ &= \int_0^s \sqrt{(-e^{-t} \cdot \cos t - e^{-t} \cdot \sin t)^2 + (-e^{-t} \cdot \sin t + e^{-t} \cdot \cos t)^2}\, dt \\ &= \int_0^s \sqrt{e^{-2t} + e^{-2t}}\, dt = \int_0^s \sqrt{2}\, e^{-t}\, dt = \sqrt{2} \int_0^s e^{-t} dt \\ &= \sqrt{2}(-e^{-t})\Big|_0^s = \sqrt{2}(-e^{-s} + 1) \longrightarrow \sqrt{2}, \qquad \text{für } s \to \infty. \end{aligned}$$

Aufgabe 5:

Man beweise mit Hilfe des Mittelwertsatzes der Integralrechnung, daß die Funktion

$$f(x) = \frac{d}{dx}[x(x-1)]^2$$

in [0,1] eine Nullstelle besitzt.

Lösung:

Da $f(x)$ stetig ist, gibt es ein $c \in [0,1]$ so, daß $\int_0^1 f(x)dx = f(c)$. Aber (Hauptsatz der Integralrechnung) $\int_0^1 f(x)dx = [x(x-1)]^2\Big|_0^1 = 0$, also existiert ein $c \in [0,1]$ mit $f(c) = 0$.

Aufgabe 6:

Es sei $f : \mathbb{R} \to \mathbb{R}$ differenzierbar auf $[-a, a]$, $a > 0$. Man zeige

a)

$$\int_{-a}^{a} f(x)dx = \begin{cases} 2\int_0^a f(x)dx, & \text{falls } f \text{ gerade;} \\ 0, & \text{falls } f \text{ ungerade.} \end{cases}$$

b) f habe zusätzlich die Periode $2a$, d.h. $f(x+2a) = f(x)\ \forall x \in \mathbb{R}$. Man zeige für alle $\alpha \in \mathbb{R}$

$$\int_{-a}^{a} f(x)dx = \int_{-a+\alpha}^{a+\alpha} f(x)dx .$$

Beweis:

a) Es gilt

$$\begin{aligned} \int_{-a}^{a} f(x)dx &= \int_{-a}^{0} f(x)dx + \int_0^a f(x)dx \qquad (\text{subst. } u = -x) \\ &= \int_a^0 f(-u)(-1)du + \int_0^a f(x)dx \\ &= \int_0^a f(-u)du + \int_0^a f(x)dx \\ &= \begin{cases} 2\int_0^a f(x)dx, & \text{falls } f \text{ gerade;} \\ 0, & \text{falls } f \text{ ungerade.} \end{cases} \end{aligned}$$

b) Es gilt

$$\int_{-a+\alpha}^{a+\alpha} f(x)dx = \int_{-a+\alpha}^{-a} f(x)dx + \int_{-a}^{a} f(x)dx + \int_a^{a+\alpha} f(x)dx = \int_{-a}^{a} f(x)dx,$$

weil:

$$\begin{aligned} \int_{-a+\alpha}^{-a} f(x)dx &= -\int_{-a}^{-a+\alpha} f(x)dx = -\int_{-a}^{-a+\alpha} f(x+2a)dx \qquad (\text{Subst. } x+2a = u) \\ &= -\int_a^{a+\alpha} f(u)du. \end{aligned}$$

Aufgabe 7:

Geben Sie zu den folgenden Funktionen jeweils ihre Stammfunktion an:

a) $\int x \cdot \ln x \, dx$ b) $\int \ln x \, dx$ c) $\int (\ln x)^2 dx$

d) $\int \frac{dx}{\sin x}$ e) $\int \frac{\arcsin 2x}{\sqrt{1-4x^2}} dx$ f) $\int \frac{dx}{2+\cos x}$

g) $\int x \cdot \arctan x \, dx$ h) $\int \arctan x \, dx$ i) $\int x^3 \cdot \sqrt{1-x^2} \, dx$

j) $\int \sqrt{1-x^2} \, dx$ k) $\int 2x^2 \cdot \cosh 2x \, dx$.

Lösung:

a)
$$\int x \cdot \ln x \, dx = \frac{1}{2}x^2 \ln x - \int \frac{1}{2}x^2 \cdot \frac{1}{x} dx = \frac{x^2}{2} \ln x - \int \frac{x}{2} dx = \frac{x^2}{2} \ln x - \frac{x^2}{4} + C.$$

b)
$$\int \ln x \, dx = \int 1 \cdot \ln x \, dx = x \ln x - \int x \cdot \frac{1}{x} dx = x \ln x - x + C.$$

c) Mit der Substitution $x = e^y$ ($\ln x = y$, $dx = e^y dy$) gilt

$$\begin{aligned} \int \ln^2 x \, dx &= \int y^2 e^y dy = y^2 e^y - \int 2y e^y dy \\ &= y^2 e^y - 2y e^y + 2 \int e^y dy = y^2 e^y - 2y e^y + 2e^y + C \\ &= x \ln^2 x - 2x \ln x + 2x + C. \end{aligned}$$

d)
$$\int \frac{dx}{\sin x} = \int \frac{1 + \tan^2 \frac{x}{2}}{2 \tan \frac{x}{2}} dx = \int \frac{(\tan \frac{x}{2})'}{\tan \frac{x}{2}} dx = \ln |\tan \frac{x}{2}| + C.$$

e) Mit der Substitution $y = \arcsin 2x$ ($\frac{dy}{dx} = \frac{2}{\sqrt{1-4x^2}}$) gilt

$$\int \frac{\arcsin 2x}{\sqrt{1-4x^2}} dx = \int \frac{y}{2} dy = \frac{1}{4}y^2 + C = \frac{1}{4} \arcsin^2 2x + C$$

f) Es gilt

$$\int \frac{dx}{2+\cos x} = \int \frac{1}{2 + \frac{1-\tan^2 \frac{x}{2}}{1+\tan^2 \frac{x}{2}}} dx = \int \frac{1 + \tan^2 \frac{x}{2}}{2 + 2\tan^2 \frac{x}{2} + 1 - \tan^2 \frac{x}{2}} dx$$

$$\left(y = \tan \frac{x}{2}, \quad dy = \frac{1}{2}(1 + \tan^2 \frac{x}{2}) dx\right)$$

$$
\begin{aligned}
&= \int \frac{2dy}{3+y^2} = \frac{2}{3}\int \frac{dy}{1+(\frac{y}{\sqrt{3}})^2} \\
&= \frac{2}{\sqrt{3}}\arctan(\frac{y}{\sqrt{3}}) + C = \frac{2}{\sqrt{3}}\arctan(\frac{\tan\frac{x}{2}}{\sqrt{3}}) + C.
\end{aligned}
$$

g) Es gilt

$$
\begin{aligned}
\int x\arctan x\,dx &= \frac{1}{2}x^2\arctan x - \int \frac{1}{2}\frac{x^2}{1+x^2}dx \\
&= \frac{x^2}{2}\arctan x - \frac{1}{2}\int (1 - \frac{1}{1+x^2})dx \\
&= \frac{x^2}{2}\arctan x - \frac{x}{2} + \frac{1}{2}\arctan x + C.
\end{aligned}
$$

h) Es gilt

$$
\begin{aligned}
\int \arctan x\,dx &= \int 1\cdot\arctan x\,dx = x\arctan x - \int \frac{x}{1+x^2}dx \\
&= x\arctan x - \frac{1}{2}\int \frac{2x}{1+x^2}dx = x\arctan x - \frac{1}{2}\ln|1+x^2| + C.
\end{aligned}
$$

i) Mit der Substitution $y = 1 - x^2$ ($\frac{dy}{dx} = -2x$, $dx = -\frac{dy}{2x}$) gilt

$$
\begin{aligned}
\int x^3\sqrt{1-x^2}\,dx &= -\frac{1}{2}\int (1-y)\sqrt{y}\,dy = -\frac{1}{2}\left(\int \sqrt{y}\,dy - \int \sqrt{y^3}\,dy\right) \\
&= -\frac{1}{3}\sqrt{y^3} + \frac{1}{5}\sqrt{y^5} + C = -\frac{1}{3}\sqrt{(1-x^2)^3} + \frac{1}{5}\sqrt{(1-x^2)^5} + C.
\end{aligned}
$$

j) Mit der Substitution $x = \cos t$ ($\sin t = \sqrt{1-x^2}$, $dx = -\sin t\,dt$) gilt

$$
\begin{aligned}
\int \sqrt{1-x^2}\,dx &= -\int \sqrt{1-\cos^2 t}\cdot\sin t\,dt = -\int \sin^2 t\,dt \\
&= \int \frac{\cos 2t - 1}{2}dt = \frac{1}{2}\left(\frac{\sin 2t}{2} - t\right) + C \\
&= \frac{1}{2}(\sin t\cdot\cos t - t) + C = \frac{1}{2}(x\sqrt{1-x^2} - \arccos x) + C.
\end{aligned}
$$

k) Es gilt

$$
\begin{aligned}
\int 2x^2\cosh 2x\,dx &= x^2\sinh 2x - \int 2x\sinh 2x\,dx \\
&= x^2\sinh 2x - x\cosh 2x + \int \cosh 2x\,dx \\
&= x^2\sinh 2x - x\cosh 2x + \frac{1}{2}\sinh 2x + C.
\end{aligned}
$$

Aufgabe 8:

Lösen Sie mittels Partialbruchzerlegung

a) $\int \frac{dx}{(x+2)(x-4)}$ b) $\int \frac{x+1}{x(x^3-1)}\,dx$

c) $\int \frac{6x^2+x+3}{3x+5}\,dx$ d) $\int \frac{dx}{(x^2+2x+7)^k}$ $(k \in \mathbb{N})$.

Geben Sie für d) eine Rekursionsformel an.

Lösung:

a) Zuerst wollen wir den Bruch zerlegen:

$$\frac{1}{(x+2)(x-4)} = \frac{A}{x+2} + \frac{B}{x-4}.$$

Es folgt die Beziehung für A und B: $A(x-4)+B(x+2) = 1\ \forall\, x \in \mathbb{R}$.

Setzen wir $x = \ \ 4 \Rightarrow \ \ 6B = 1 \Rightarrow B = \ \ \frac{1}{6}$

$x = -2 \Rightarrow -6A = 1 \Rightarrow A = -\frac{1}{6}$.

Wir erhalten somit

$$\int \frac{dx}{(x+2)(x-4)} = -\frac{1}{6}\int \left(\frac{1}{x+2} + \frac{1}{4-x}\right) dx = -\frac{1}{6}(\ln|x+2| - \ln|4-x|) + C.$$

b) Zuerst wollen wir den Bruch zerlegen:

$$\frac{x+1}{x(x^3-1)} = \frac{x+1}{x(x-1)(x^2+x+1)} = \frac{A}{x} + \frac{B}{x-1} + \frac{Cx+D}{x^2+x+1}$$

$\Rightarrow x+1 = Ax^3 - A + Bx^3 + Bx^2 + Bx + (Cx^2+Dx)(x-1)$
$\Leftrightarrow x+1 = x^3(A+B+C) + x^2(B-C+D) + x(B-D) - A.$
Setze $x=0 \Rightarrow A=-1$, und $x=1 \Rightarrow B=\frac{2}{3}$.

C und D erhalten wir nun durch Koeffizientenvergleich:

$$A+B+C = 0 = -1 + \frac{2}{3} + C \Rightarrow C = \frac{1}{3},$$

$$B-C+D = 0 = \frac{2}{3} - \frac{1}{3} + D \Rightarrow D = -\frac{1}{3}.$$

Somit gilt $\frac{x+1}{x(x^3-1)} = -\frac{1}{x} + \frac{2}{3}\frac{1}{x-1} + \frac{1}{3}\frac{x-1}{x^2+x+1}$. Daraus folgt

$$\int \frac{x+1}{x(x^3-1)}\,dx = -\ln|x| + \frac{2}{3}\ln|x-1| + \frac{1}{3}\int \frac{x-1}{x^2+x+1}\,dx,$$

wobei

$$\begin{aligned}\int \frac{x-1}{x^2+x+1}\,dx &= \frac{1}{2}\int \frac{2x-2}{x^2+x+1}\,dx = \frac{1}{2}\int \left(\frac{2x+1}{x^2+x+1} - \frac{3}{x^2+x+1}\right) dx \\ &= \frac{1}{2}\ln|x^2+x+1| - \frac{3}{2}\int \frac{1}{x^2+x+1}\,dx\end{aligned}$$

und

$$\begin{aligned}\int \frac{dx}{x^2+x+1} &= \int \frac{dx}{(x+\frac{1}{2})^2 + (1-\frac{1}{4})} \\ &= \frac{4}{3}\int \frac{dx}{1+(\sqrt{\frac{4}{3}}(x+\frac{1}{2}))^2} = \frac{4}{3}\arctan\frac{2x+1}{\sqrt{3}} + C.\end{aligned}$$

Also insgesamt:

$$\int \frac{x+1}{x(x^3-1)}\,dx = -\ln|x| + \frac{2}{3}\ln|x-1| + \frac{1}{6}\ln|x^2+x+1| - \frac{2}{3}\arctan\frac{2x+1}{\sqrt{3}} + C.$$

c) $\displaystyle\int \frac{6x^2+x+3}{3x+5}\,dx = \int \left(2x-3+\frac{18}{3x+5}\right) dx = x^2 - 3x + 6\ln|3x+5| + C.$

d) Es gilt

$$\begin{aligned}\int \frac{dx}{(x^2+2x+7)^k} &= \int \frac{dx}{((x+1)^2+6)^k} = \frac{1}{6}\int \frac{(x+1)^2+6-(x+1)^2}{((x+1)^2+6)^k}\,dx \\ &= \frac{1}{6}\left(\int \frac{dx}{((x+1)^2+6)^{k-1}} - \frac{1}{2(k-1)}\int \frac{2(x+1)(k-1)}{((x+1)^2+6)^k}\cdot(x+1)\,dx\right),\end{aligned}$$

mit partieller Integration:

$$\int \left(-\frac{2(x+1)(k-1)}{((x+1)^2+6)^k}\right)\cdot(x+1)\,dx = \frac{x+1}{((x+1)^2+6)^{k-1}} - \int \frac{dx}{((x+1)^2+6)^{k-1}}.$$

Somit erhalten wir die Rekursionsformel

$$\int \frac{dx}{(x^2+2x+7)^k} = \frac{x+1}{12(k-1)(x^2+2x+7)^{k-1}} + \frac{2k-3}{12(k-1)}\int \frac{dx}{(x^2+2x+7)^{k-1}}.$$

Aufgabe 9:

Differenzieren Sie die Funktion F, gegeben durch

$$F(x) := \sin\left(\int_0^{\sin x} \sin t\,dt\right).$$

Lösung:

Gemäß dem Hauptsatz der Differential-Integral-Rechnung bzw. Leibniz-Regel und Kettenregel gilt

$$\begin{aligned} F'(x) &= \left(\sin\left(\int_0^{\sin x} \sin t\, dt\right)\right)' = \cos\left(\int_0^{\sin x} \sin t\, dt\right) \cdot \sin(\sin x) \cdot \cos x \\ &= \cos(-\cos(\sin x) + 1) \cdot \sin(\sin x) \cdot \cos x. \end{aligned}$$

Aufgabe 10:

Man untersuche, ob die Integrale

$$\text{a) } \int_0^\infty \frac{\sin^2 x}{x^3}\, dx, \qquad \text{b) } \int_0^\infty \frac{\tanh x}{x^2 + \cos^2 x}\, dx$$

konvergieren oder divergieren (mit Beweis!).

Lösung:

a) $\int_0^\infty \frac{\sin^2 x}{x^3}\, dx$ hat Uneigentlichkeit bei $x = 0$ und bei ∞.

1.) $\left|\frac{\sin^2 x}{x^3}\right| \leq \frac{1}{x^3} \Rightarrow$ da $\int_\alpha^\infty \frac{1}{x^3}\, dx$ konvergiert, folgt nach dem Majorantenkriterium die Konvergenz von $\int_\alpha^\infty \frac{\sin^2 x}{x^3}$ für alle $\alpha > 0$.

2.) $\frac{\sin^2 x}{x^3} \geq \frac{1}{2} \cdot \frac{1}{x}$ für $0 < x < \varepsilon$ mit einem genügend kleinen $\varepsilon > 0$, denn: $\frac{\sin x}{x} \to 1$ für $x \to 0$; also folgt mit der Divergenz von $\int_0^\varepsilon \frac{1}{x}\, dx$ nach dem Minorantenkriterium die Divergenz von $\int_0^\varepsilon \frac{\sin^2 x}{x^3}\, dx$.

Aus 1.) ($\alpha = \varepsilon$) und 2.) ergibt sich die Divergenz des uneigentlichen Integrals.

b) $\int_0^\infty \frac{\tanh x}{x^2 + \cos^2 x}\, dx$ hat ausschließlich bei ∞ eine Uneigentlichkeit, da $x^2 + \cos^2 x > 0$ stets (speziell für $x = 0$) gilt;

1.) $\left|\frac{\tanh x}{x^2 + \cos^2 x}\right| \leq \frac{1}{x^2}$ $(x \neq 0) \Rightarrow$ da $\int_\alpha^\infty \frac{1}{x^2}\, dx$ konvergiert, folgt also nach dem Majorantenkriterium die Konvergenz von $\int_\alpha^\infty \frac{\tanh x}{x^2 + \cos^2 x}\, dx$ $(\alpha > 0)$;

2.) gemäß Obigem existiert $\int_0^\alpha \frac{\tanh x}{x^2 + \cos^2 x}\, dx$ als ein eigentliches Integral.

Aus 1.) und 2.) ergibt sich die Konvergenz des uneigentlichen Integrals.

Aufgabe 11:

a) Beweisen Sie die Existenz des folgenden uneigentlichen Integrals

$$\int_0^\infty e^{-t}t^{x-1}\,dt \text{ mit } x > 0\,.$$

b) Die Gammafunktion $\Gamma(x)$ wird definiert über das uneigentliche Integral aus Teil a)

$$\Gamma(x) := \int_0^\infty e^{-x}t^{x-1}\,dt \;(x > 0)\,.$$

Zeigen Sie $\Gamma(x+1) = x\Gamma(x)$.

c) Zeigen Sie für $n \in \mathbb{N}$: $\quad \Gamma(n+1) = n!$.

Lösung:

a) Da $\lim\limits_{t\to\infty} t^\nu \cdot e^{-t}t^{x-1} = 0$ für alle $\nu \in \mathbb{N}$ (z.B. mit Abschätzen und de l'Hospital) kann man Satz 9.7.6. anwenden. $\Rightarrow$ Das Integral existiert für $x \geq 1$.

Ist $0 < x < 1$, wendet man Satz 9.7.4. an:

$$0 \leq e^{-t}t^{x-1} \leq \frac{M}{t} \text{ auf } (0,1],$$

da $e^{-t}t^x \leq M$ für ein M (z.B. $M = 1$) $\Rightarrow$ Das Integral existiert für alle $x > 0$.

b) Mit partieller Integration

$$\begin{aligned} \Gamma(x+1) &= \int_0^\infty e^{-t}t^x\,dt = -e^{-t}t^x\Big|_0^\infty + x\int_0^\infty e^{-t}t^{x-1}\,dt = x\Gamma(x) \\ \Rightarrow \quad \Gamma(x+1) &= x\cdot(x-1)\cdot(x-2)\cdot\ldots\cdot(x-\mu)\cdot\int_0^\infty e^{-t}t^{x-\mu-1}\,dt, \quad (x > \mu). \end{aligned}$$

c) Ist $x = n$ eine ganze positive Zahl, so ergibt sich

$$\Gamma(n+1) = n\cdot(n-1)\cdot(n-2)\cdot\ldots\cdot 3\cdot 2\cdot 1\cdot\int_0^\infty e^{-t}\,dt$$

und da

$$\int_0^\infty e^{-t}\,dt = -e^{-t}\Big|_0^\infty = 1$$

folgt schließlich $\Gamma(n+1) = n!$.

Aufgabe 12:

Der Körper K ist gegeben durch (siehe Skizze)

$$K = \{(x,y,z) \mid x \geq 0\,,\ y \geq 0\,,\ z \geq 0\,,\ x + y + \sqrt{z} \leq 1\}.$$

Berechnen Sie die Masse von K bei einer Massendichte $\rho(x,y,z) = 2\rho z$.

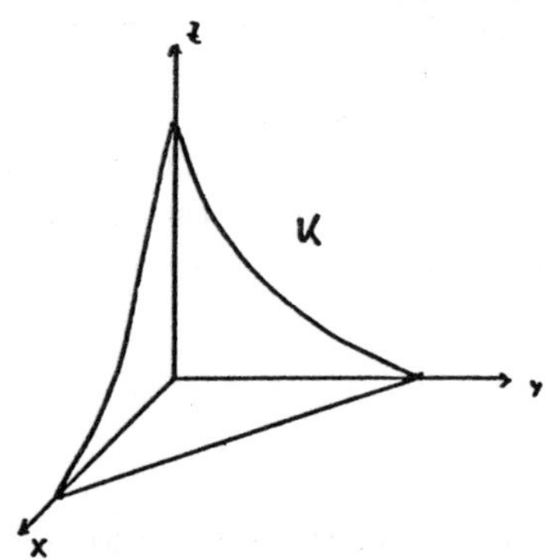

Lösung:

$$\begin{aligned}
M(K) &= \int_K \rho(x,y,z)d(x,y,z) = \int_0^1 \int_0^{1-x} \int_0^{(1-x-y)^2} 2\rho z\, dz\, dy\, dx \\
&= \rho \int_0^1 \int_0^{1-x} (1-x-y)^4\, dy\, dx \qquad [(1-x-y) = t\ ;\ dy = -dt] \\
&= \rho \int_0^1 \int_{1-x}^0 (-t^4)\, dt\, dx = \rho \int_0^1 \int_0^{1-x} t^4\, dt\, dx \\
&= \frac{\rho}{5} \int_0^1 (1-x)^5\, dx \qquad [(1-x) = t\ ;\ dx = -dt] \\
&= \frac{\rho}{5} \int_0^1 t^5\, dt = \frac{\rho}{30}.
\end{aligned}$$

Aufgabe 13:

Beweisen Sie folgenden Satz: Es sei $g : [a,b] \times [c,d] \to \mathbb{R}$ stetig und

$$G(t) := \max_{x \in [a,b]} g(x,t)\,.$$

Dann gilt : $G(t)$ ist stetig.

Beweis:

Annahme: Es existiert ein $\bar{t} \in [c,d]$ so, daß G nicht stetig in $\bar{t}$ ist
$\Rightarrow \exists \varepsilon > 0$ und eine Folge $t_n \to \bar{t}$ mit $|G(t_n) - G(\bar{t})| > \varepsilon \; \forall n$;
zu t_n wähle $x_n \in [a,b]$ mit $g(x_n, t_n) = G(t_n)$ (d.h. x_n ist ein Maximum für $x \mapsto g(x, t_n)$).
Da $[a,b]$ kompakt ist, kann man den Satz von Bolzano-Weierstraß (HM I Bem. 4.1.18) anwenden $\Rightarrow$ die Folge (x_n) hat eine konvergente Teilfolge (x_{n_k}) mit $x_{n_k} \to \bar{x} \in [a,b]$ für $k \to \infty$.
Also $\lim_{k\to\infty} (x_{n_k}, t_{n_k}) = (\bar{x}, \bar{t})$ und da g stetig ist:
$G(t_n) = g(x_{n_k}, t_{n_k}) \to g(\bar{x}, \bar{t}) = G(\bar{x}, \bar{t})$, d.h. $\bar{x}$ ist kein Maximum für $x \mapsto g(x, \bar{t})$.
Also $\exists \tilde{x} \in [a,b]$ mit $g(\tilde{x}, \bar{t}) > g(\bar{x}, \bar{t})$ und, da g stetig, $g(\tilde{x}, t_{n_k}) > g(x_{n_k}, t_{n_k})$ für k groß genug. Dies ist ein Widerspruch, da x_{n_k} Maximum für $x \mapsto g(x, t_{n_k})$, und daraus folgt die Behauptung.

Aufgabe 14:

Sei $F(t) = \int_{\sin t}^{t^2} e^{tx}\, dx$. Berechnen Sie $F'(t)$ mit Hilfe der Leibniz-Regel.

Lösung:

Es ist hier

$$\phi(t) = \sin t, \qquad \phi'(t) = \cos t,$$
$$\psi(t) = t^2, \qquad \psi'(t) = 2t,$$
$$f(x,t) = e^{tx}, \qquad f_t(x,t) = xe^{xt}.$$

$$F'(t) = \int_{\sin t}^{t^2} xe^{tx}\, dx + e^{t^3} \cdot 2t - e^{t \sin t} \cdot \cos t\,,$$

wobei wir für $t \neq 0$ berechnen können:

$$\begin{aligned} \int_{\sin t}^{t^2} xe^{tx}\, dx &= \frac{x}{t} e^{tx} \Big|_{\sin t}^{t^2} - \frac{1}{t} \int_{\sin t}^{t^2} e^{tx}\, dx \\ &= te^{t^3} - \frac{\sin t}{t} e^{t \sin t} - \frac{1}{t^2} e^{tx} \Big|_{\sin t}^{t^2} \\ &= te^{t^3} - \frac{\sin t}{t} e^{t \sin t} - \frac{1}{t^2} e^{t^3} + \frac{1}{t^2} e^{t \sin t}, \end{aligned}$$

also

$$F'(t) = e^{t^3}(t - \frac{1}{t^2} + 2t) - e^{t \sin t}(\cos t + \frac{\sin t}{t} - \frac{1}{t^2}).$$

Aufgaben zu Kapitel 10

Aufgabe 1:

Berechnen Sie die Eigenwerte λ_i und ein orthonormiertes System von Eigenvektoren $\underline{v}_i$ für die symmetrischen Matrizen A:

$$a) \quad \begin{pmatrix} 7 & 4 \\ 4 & 13 \end{pmatrix}, \qquad b) \quad \begin{pmatrix} 1 & 1 & 0 \\ 1 & 0 & -1 \\ 0 & -1 & 1 \end{pmatrix}.$$

Lösung:

$$Ax = \lambda x \Leftrightarrow \det(A - \lambda E) = 0$$

a) Es gilt

$$\begin{aligned} \det(A - \lambda E) &= \det\left(\begin{pmatrix} 7 & 4 \\ 4 & 13 \end{pmatrix} - \begin{pmatrix} \lambda & 0 \\ 0 & \lambda \end{pmatrix}\right) = \det\begin{pmatrix} 7-\lambda & 4 \\ 4 & 13-\lambda \end{pmatrix} \\ &= 91 - 20\lambda + \lambda^2 - 16 = \lambda^2 - 20\lambda + 75 = (\lambda - 5)(\lambda - 15), \end{aligned}$$

daraus folgt, daß $\lambda_1 = 15$, $\lambda_2 = 5$ die Eigenwerte sind. Zu diesen wollen wir jetzt Eigenvektoren bestimmen:

Zu $\lambda_1 = 15$:

$$\left(\begin{array}{cc|c} -8 & 4 & 0 \\ 4 & -2 & 0 \end{array}\right) \sim \left(\begin{array}{cc|c} 2 & -1 & 0 \\ 0 & 0 & 0 \end{array}\right)$$

$$\Rightarrow 2x_1 = x_2 \Rightarrow \underline{v}_1 = \frac{1}{\sqrt{5}}(1,2)^T$$

Zu $\lambda_2 = 5$:

$$\left(\begin{array}{cc|c} 2 & 4 & 0 \\ 4 & 8 & 0 \end{array}\right) \sim \left(\begin{array}{cc|c} 1 & 2 & 0 \\ 0 & 0 & 0 \end{array}\right)$$

$$\Rightarrow x_1 = -2x_2 \Rightarrow \underline{v}_2 = \frac{1}{\sqrt{5}}(2,-1) = \underline{v}_1^{\perp}$$

b) $$\det\begin{pmatrix} 1-\lambda & 1 & 0 \\ 1 & -\lambda & -1 \\ 0 & -1 & 1-\lambda \end{pmatrix} \begin{aligned} &= -\lambda(1-\lambda^2) - 2(1-\lambda) \\ &= -\lambda^3 + 2\lambda^2 + \lambda - 2 = -(\lambda-1)(\lambda+1)(\lambda-2) = 0 \end{aligned}$$

Die Eigenwerte sind also $\lambda_1 = 2$, $\lambda_2 = 1$, $\lambda_3 = -1$.

Zu $\lambda_1 = 2$:

$$\left(\begin{array}{ccc|c} -1 & 1 & 0 & 0 \\ 1 & -2 & -1 & 0 \\ 0 & -1 & -1 & 0 \end{array}\right) \sim \left(\begin{array}{ccc|c} -1 & 1 & 0 & 0 \\ 1 & -1 & 0 & 0 \\ 0 & -1 & -1 & 0 \end{array}\right)$$

$$\Rightarrow x_1 = x_2 = -x_3 \Rightarrow \underline{v}_1 = \frac{1}{\sqrt{3}}(1,1,-1)$$

Zu $\lambda_2 = 1$:

$$\left(\begin{array}{ccc|c} 0 & 1 & 0 & 0 \\ 1 & -1 & -1 & 0 \\ 0 & -1 & 0 & 0 \end{array}\right) \Rightarrow x_2 = 0 \; x_1 = x_3 \Rightarrow \underline{v}_2 = \frac{1}{\sqrt{2}}(1,0,1)$$

Zu $\lambda_3 = -1$:

$$\left(\begin{array}{ccc|c} 2 & 1 & 0 & 0 \\ 1 & 1 & -1 & 0 \\ 0 & -1 & 2 & 0 \end{array}\right) \sim \left(\begin{array}{ccc|c} 0 & -1 & 2 & 0 \\ 1 & 0 & 1 & 0 \\ 0 & -1 & 2 & 0 \end{array}\right)$$

$$\Rightarrow x_2 = 2x_3 \;,\; x_1 = -x_3 \Rightarrow \underline{v}_3 = \frac{1}{\sqrt{6}}(-1,2,1).$$

Aufgabe 2:

Zeigen Sie: Ein Tensor $T : \mathbb{R}^3 \to \mathbb{R}^3$ mit orthogonaler Matrix T (d.h. $TT^T = E_3$) und $\det T = +1$ bewirkt eine Drehung des Raumes um den Nullpunkt.

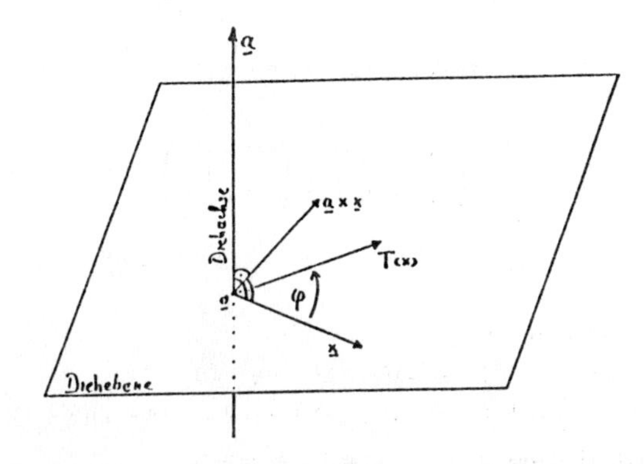

Beweis:

T besitzt mindestens einen reellen Eigenwert λ. Sei $\underline{a}$ ein zugehöriger Eigenvektor mit o.B.d.A. $|\underline{a}| = 1$, also $T\underline{a} = \lambda\underline{a}$. Wegen

$$(1) \qquad (T\underline{y}) \cdot (T\underline{x}) = (T\underline{y})^T(T\underline{x}) = \underline{y}^T T^T T\underline{x} = \underline{y}^T\underline{x} = \underline{y} \cdot \underline{x}$$

und speziell

$$|T\underline{x}|^2 = (T\underline{x}) \cdot (T\underline{x}) = \underline{x} \cdot \underline{x} = |\underline{x}|^2$$

ist $1 = |T\underline{a}| = |\lambda||\underline{a}| = |\lambda|$ also $\lambda = \pm 1$.

Wir zeigen, daß $\lambda = +1$ wirklich vorkommt:
Seien λ, μ, ν die Eigenwerte von T.
1. Fall Ist $\mu \notin \mathbb{R}$, so gilt nach HM I $\nu = \bar{\mu} \notin \mathbb{R} \Rightarrow 1 = \det T = \lambda\mu\nu = \lambda|\mu|^2 \Rightarrow \lambda = +1$.
2. Fall Sind λ, μ, $\nu \in \mathbb{R}$. Dann ist (s.o.) $\mu = \pm 1$, $\nu = \pm 1$. Wegen $\det T = +1$ können nicht alle Eigenwerte negativ sein. Wir wählen also $\lambda = +1$.

Insgesamt erhalten wir: Für alle Vektoren $\underline{x} = u\underline{a}$ ($u \in \mathbb{R}$) gilt $T\underline{x} = \underline{x}$. Diese bleiben fest bei der Transformation T und bilden die Drehachse durch $\underline{0}$.
Wir betrachten nun einen beliebigen Einheitsvektor $\underline{b} \perp \underline{a}$, also $|\underline{b}| = 1$ und setzen $\underline{c} := \underline{a} \times \underline{b}$. Es folgt $|\underline{c}| = 1$. Wegen (1) gilt: $T\underline{b}$, $T\underline{c} \perp \underline{a}$ und $|T\underline{b}| = |T\underline{c}| = 1$. Für $\underline{c}$ gilt, da $\underline{a} = T\underline{a}$, $T\underline{b}$, $T\underline{c}$ Rechtssystem ist: $T\underline{c} = +\underline{a} \times T\underline{b}$.
Wir führen den Winkel φ in der Drehebene ein: $-\pi < \varphi \leq \pi$ (siehe Skizze). Er ist gegeben durch

$$T\underline{b} = \underline{b}\cos\varphi + \underline{c}\sin\varphi$$

und zu berechnen aus

$$(2) \qquad \cos\varphi = \underline{b} \cdot T\underline{b} \quad \text{und} \quad \sin\varphi = \underline{c} \cdot T\underline{b}$$

Bemerkung: Verwendet man statt $\underline{a}$ den Eigenvektor $-\underline{a}$, so wird sich hier $-\varphi$ statt φ ergeben.
Wir zeigen zum Schluß noch, daß T mit der in HM I eingeführten Drehung $D = D(\underline{a}, \varphi)$ übereinstimmt, d.h. wir zeigen für alle $\underline{x} \in \mathbb{R}^3$ $T\underline{x} = D\underline{x}$.
Da T wie D lineare Abbildungen sind, genügt es dies etwa für die Basisvektoren $\underline{a}$, $\underline{b}$ und $\underline{c}$ nachzuweisen:

$$\begin{aligned} T\underline{a} &= \underline{a} = D\underline{a} \\ T\underline{b} &= \underline{b}\cos\varphi + \underline{c}\sin\varphi = D\underline{b} \\ T\underline{c} &= \underline{a} \times T\underline{b} = \sin\varphi \cdot (\underline{a} \times \underline{c}) + \cos\varphi \cdot (\underline{a} \times \underline{b}) \\ &= -\underline{b}\sin\varphi + \underline{c}\cos\varphi = D\underline{c} \end{aligned}$$

da mit HM I 2.1.32 gilt: $\underline{a} \times \underline{c} = \underline{a} \times (\underline{a} \times \underline{b}) = -\underline{b}$.

Aufgabe 3:

Zeigen Sie, daß die Matrix

$$A = \frac{1}{4}\begin{pmatrix} 3 & 1 & \sqrt{6} \\ 1 & 3 & -\sqrt{6} \\ -\sqrt{6} & \sqrt{6} & 2 \end{pmatrix}$$

zu einer Drehung T gehört, bestimmen Sie $\underset{\sim}{a}$ und den Drehwinkel φ mit Hilfe von Aufgabe 2.

Beweis:

Zuerst zeigen wir, daß A orthogonal und $\det(A) = 1$ ist.

$$A \cdot A^T = \frac{1}{16}\begin{pmatrix} 3 & 1 & \sqrt{6} \\ 1 & 3 & -\sqrt{6} \\ -\sqrt{6} & \sqrt{6} & 2 \end{pmatrix} \cdot \begin{pmatrix} 3 & 1 & -\sqrt{6} \\ 1 & 3 & \sqrt{6} \\ \sqrt{6} & -\sqrt{6} & 2 \end{pmatrix}$$

$$= \frac{1}{16}\begin{pmatrix} 9+1+6 & 3+3-6 & -3\sqrt{6}+\sqrt{6}+2\sqrt{6} \\ 3+3-6 & 1+9+6 & -\sqrt{6}+3\sqrt{6}-2\sqrt{6} \\ -3\sqrt{6}+\sqrt{6}+2\sqrt{6} & -\sqrt{6}+3\sqrt{6}-2\sqrt{6} & 6+6+2 \end{pmatrix} = \begin{pmatrix} 1 & 0 & 0 \\ 0 & 1 & 0 \\ 0 & 0 & 1 \end{pmatrix}$$

Somit ist A orthogonal.

$$\det(A) = \det\begin{pmatrix} \frac{3}{4} & \frac{1}{4} & \frac{\sqrt{6}}{4} \\ \frac{1}{4} & \frac{3}{4} & -\frac{\sqrt{6}}{4} \\ -\frac{\sqrt{6}}{4} & \frac{\sqrt{6}}{4} & \frac{2}{4} \end{pmatrix} = \frac{18}{64} + \frac{6}{64} + \frac{6}{64} + \frac{18}{64} + \frac{18}{64} - \frac{2}{64} = 1.$$

Nun bestimmen wir die Eigenwerte von A (bzw. von $4A$) :

$$\det\begin{pmatrix} 3-\lambda & 1 & \sqrt{6} \\ 1 & 3-\lambda & -\sqrt{6} \\ -\sqrt{6} & \sqrt{6} & 2-\lambda \end{pmatrix}$$

$$= (3-\lambda)(3-\lambda)(2-\lambda) + 6 + 6 + 6(3-\lambda) + 6(3-\lambda) - (2-\lambda)$$

$$= 64 - 32\lambda + 8\lambda^2 - \lambda^3 = (4-\lambda)(16 - 4\lambda + \lambda^2) = 0$$

Da $\tilde{\lambda} = 4$ ein Eigenwert zu $4A$ ist, ist $\lambda = \frac{1}{4}\tilde{\lambda} = 1$ ein Eigenwert zu A (die beiden anderen sind hier komplex). Ein Eigenvektor zu $\lambda = 1$ ist $\frac{1}{\sqrt{2}}(1,1,0)^T$ und somit haben wir die Drehachse $\underset{\sim}{a} = u(1,1,0)$ $(u \in \mathbb{R})$. Ein hierzu senkrechter Vektor ist zum Beispiel $(0,0,1)$, und mit diesem berechnen wir nun den Drehwinkel φ. Es gilt für jeden Vektor der Drehebene (siehe Aufgabe 2):

$$T(\underset{\sim}{x}) = \underset{\sim}{x}\cos\varphi + \underset{\sim}{a} \times \underset{\sim}{x}\sin\varphi \quad (-\pi < \varphi \leq \pi)$$

Setzt man nun $\underline{x} = (0,0,1)$, so ergibt sich

$$T(\underline{x}) = A \cdot (0,0,1)^T = (\frac{\sqrt{6}}{4}, -\frac{\sqrt{6}}{4}, \frac{1}{2})$$

$$\underline{x}\cos\varphi + \underline{a} \times \underline{x}\sin\varphi = (0,0,1)^T\cos\varphi + \frac{1}{\sqrt{2}}(1,-1,0)\sin\varphi$$

also $\cos\varphi = \frac{1}{2}$ und $\frac{1}{\sqrt{2}}\sin\varphi = \frac{\sqrt{6}}{4}$ bzw. $\sin\varphi = \frac{3}{\sqrt{2}}$.
Wir erhalten also den Winkel $\varphi = \frac{\pi}{3}$ und somit als Drehung: $D(\frac{1}{\sqrt{2}}(1,1,0), \frac{\pi}{3})$.
Man weist nun wiederum $T(\underline{x}) = D(\underline{x})$ nach, indem man die Gleichung für eine Basis (z.B. $\underline{a} = \frac{1}{\sqrt{2}}(1,1,0)$, $\underline{b} = (0,0,1)$, $\underline{c} := \underline{a} \times \underline{b}$) verifiziert.

Aufgabe 4:

Sei $T = \begin{pmatrix} 1 & 1 & 3 \\ 1 & 5 & 1 \\ 3 & 1 & 1 \end{pmatrix}$ ein Spannungstensor.

a) Bestimmen Sie die Hauptspannungen λ_1, λ_2, λ_3 und geben Sie eine orthogonale Matrix P an, sodaß

$$P^T T P = \begin{pmatrix} \lambda_1 & 0 & 0 \\ 0 & \lambda_2 & 0 \\ 0 & 0 & \lambda_3 \end{pmatrix}$$

b) Bestimmen Sie die Gleichung des Spannungsellipsoids in alten Koordinaten x_i und in neuen Koordinaten y_i.

Lösung:

a) Die Hauptspannungen sind die Eigenwerte von T, also

$$\det\begin{pmatrix} 1-\lambda & 1 & 3 \\ 1 & 5-\lambda & 1 \\ 3 & 1 & 1-\lambda \end{pmatrix}$$

$$= (1-\lambda)(5-\lambda)(1-\lambda) + 3 + 3 - 9(5-\lambda) - (1-\lambda) - (1-\lambda)$$

$$= -36 + 7\lambda^2 - \lambda^3 = -(\lambda-6)(\lambda-3)(\lambda+2) = 0.$$

Somit sind die Hauptspannungen $\lambda_1 = 6$, $\lambda_2 = 3$, $\lambda_3 = -2$. Die Matrix P erhält man nun aus den Eigenvektoren:

Zu $\lambda_1 = 6$:

$$\begin{pmatrix} -5 & 1 & 3 \\ 1 & -1 & 1 \\ 3 & 1 & -5 \end{pmatrix} \sim \begin{pmatrix} 0 & -4 & 8 \\ 1 & -1 & 1 \\ 0 & 4 & -8 \end{pmatrix} \sim \begin{pmatrix} 0 & 1 & -2 \\ 1 & 0 & -1 \\ 0 & 0 & 0 \end{pmatrix}$$

$$\Rightarrow x_2 = 2x_3 \ , \ x_1 = x_3 \Rightarrow \underline{v}_1 = \frac{1}{\sqrt{6}}(1,2,1)^T$$

Zu $\lambda_2 = 3$:

$$\begin{pmatrix} -2 & 1 & 3 \\ 1 & 2 & 1 \\ 3 & 1 & -2 \end{pmatrix} \sim \begin{pmatrix} 0 & 5 & 5 \\ 1 & 2 & 1 \\ 0 & -5 & -5 \end{pmatrix} \sim \begin{pmatrix} 0 & 1 & 1 \\ 1 & 0 & -1 \\ 0 & 0 & 0 \end{pmatrix}$$

$$\Rightarrow x_2 = -x_3 \ , \ x_1 = x_3 \Rightarrow \underline{v}_2 = \frac{1}{\sqrt{3}}(1,-1,1)^T$$

Zu $\lambda_3 = -2$:

$$\begin{pmatrix} 3 & 1 & 3 \\ 1 & 7 & 1 \\ 3 & 1 & 3 \end{pmatrix} \sim \begin{pmatrix} 0 & -20 & 0 \\ 1 & 7 & 1 \\ 0 & 0 & 0 \end{pmatrix} \sim \begin{pmatrix} 0 & 1 & 0 \\ 1 & 0 & 1 \\ 0 & 0 & 0 \end{pmatrix}$$

$$\Rightarrow x_2 = 0 \ , \ x_1 = -x_3 \Rightarrow \underline{v}_3 = \frac{1}{\sqrt{2}}(1,0,-1)^T$$

Letzteren Eigenvektor hätte man auch als das Kreuzprodukt der beiden ersten Eigenvektoren erhalten können, man kann diese Möglichkeit auch sehr gut als Probe verwenden:

$$\frac{1}{\sqrt{3}}\begin{pmatrix} 1 \\ -1 \\ 1 \end{pmatrix} = \frac{1}{3\sqrt{2}}\begin{pmatrix} 2\cdot 1 - 1\cdot(-1) \\ -1\cdot 1 + 1\cdot 1 \\ 1\cdot(-1) - 2\cdot 1 \end{pmatrix} = \frac{1}{3\sqrt{2}}\begin{pmatrix} 3 \\ 0 \\ -3 \end{pmatrix} = \frac{1}{\sqrt{2}}\begin{pmatrix} 1 \\ 0 \\ -1 \end{pmatrix} = \underline{v}_3$$

Diese Vektoren bilden nun die Spalten der Matrix P

$$P = \begin{pmatrix} \frac{1}{\sqrt{6}} & \frac{1}{\sqrt{3}} & \frac{1}{\sqrt{2}} \\ \frac{2}{\sqrt{6}} & -\frac{1}{\sqrt{3}} & 0 \\ \frac{1}{\sqrt{6}} & \frac{1}{\sqrt{3}} & -\frac{1}{\sqrt{2}} \end{pmatrix}$$

somit

$$P^TTP = \begin{pmatrix} \frac{1}{\sqrt{6}} & \frac{2}{\sqrt{6}} & \frac{1}{\sqrt{6}} \\ \frac{1}{\sqrt{3}} & -\frac{1}{\sqrt{3}} & \frac{1}{\sqrt{3}} \\ \frac{1}{\sqrt{2}} & 0 & -\frac{1}{\sqrt{2}} \end{pmatrix} \begin{pmatrix} 1 & 1 & 3 \\ 1 & 5 & 1 \\ 3 & 1 & 1 \end{pmatrix} \begin{pmatrix} \frac{1}{\sqrt{6}} & \frac{1}{\sqrt{3}} & \frac{1}{\sqrt{2}} \\ \frac{2}{\sqrt{6}} & -\frac{1}{\sqrt{3}} & 0 \\ \frac{1}{\sqrt{6}} & \frac{1}{\sqrt{3}} & -\frac{1}{\sqrt{2}} \end{pmatrix} =$$

$$= \begin{pmatrix} 6 & 0 & 0 \\ 0 & 3 & 0 \\ 0 & 0 & -2 \end{pmatrix} = \begin{pmatrix} \lambda_1 & 0 & 0 \\ 0 & \lambda_2 & 0 \\ 0 & 0 & \lambda_3 \end{pmatrix}$$

b) Die Gleichung des Spannungsellipsoids bezüglich der alten Koordinaten lautet:

$$\underset{\sim}{x}^T T \underset{\sim}{x} = 1$$

$$\Leftrightarrow$$

$$(x_1, x_2, x_3) \begin{pmatrix} 1 & 1 & 3 \\ 1 & 5 & 1 \\ 3 & 1 & 1 \end{pmatrix} \begin{pmatrix} x_1 \\ x_2 \\ x_3 \end{pmatrix} = x_1^2 + 5x_2^2 + x_3^2 + 2x_1x_2 + 6x_1x_3 + 2x_2x_3 = 1.$$

Bezüglich der neuen Koordinaten y_i mit $\underset{\sim}{y}=P^T\underset{\sim}{x}$ lautet die Gleichung des Spannungsellipsoids:

$$\underset{\sim}{x}^T T \underset{\sim}{x} = \underset{\sim}{x}^T P P^T T P P^T \underset{\sim}{x} = \underset{\sim}{y}^T P^T T P \underset{\sim}{y} = 1$$

$$\Leftrightarrow$$

$$(y_1, y_2, y_3) \begin{pmatrix} 6 & 0 & 0 \\ 0 & 3 & 0 \\ 0 & 0 & -2 \end{pmatrix} \begin{pmatrix} y_1 \\ y_2 \\ y_3 \end{pmatrix} = 6y_1^2 + 3y_2^2 - 2y_3^2 = 1.$$

Aufgabe 5:

Führen Sie für die folgende Gleichung eine Hauptachsentransformation durch und beschreiben Sie die geometrische Form:

$$-12.3136x_1^2 + 5.76x_2^2 - 2.4464x_3^2 - 9.216x_1x_2 - 33.8304x_1x_3 + 12.288x_2x_3$$

$$+418.56x_1 + 76.8x_2 + 441.92x_3 - 3744 = 0$$

Lösung:

Zuerst schreiben wir die Gleichung in der Form $\underset{\sim}{x}^T A \underset{\sim}{x} + 2\underset{\sim}{b}^T \underset{\sim}{x} + c = 0$.

$$(x_1, x_2, x_3) \begin{pmatrix} -12.3136 & -4.608 & -16.9152 \\ -4.6080 & 5.760 & 6.1440 \\ -16.9152 & 6.144 & -2.4464 \end{pmatrix} \begin{pmatrix} x_1 \\ x_2 \\ x_3 \end{pmatrix} + 2(209.28\,,\ 38.4\,,\ 220.96) \begin{pmatrix} x_1 \\ x_2 \\ x_3 \end{pmatrix} - 3744 = 0$$

Nun suchen wir eine Matrix P, mit der wir A auf Hauptdiagonalform bringen können.

$$\det\begin{pmatrix} -12.3136-\lambda & -4.608 & -16.9152 \\ -4.6080 & 5.760-\lambda & 6.1440 \\ -16.9152 & 6.144 & -2.4464-\lambda \end{pmatrix} = -\lambda^3 - 9\lambda^2 + 400\lambda = 0$$

Die Eigenwerte sind $\lambda_1 = 16$, $\lambda_2 = -25$, $\lambda_3 = 0$. Dazu berechnen wir Eigenvektoren.
Zu $\lambda_1 = 16$:

$$\begin{pmatrix} -28.3136 & -4.608 & -16.9152 \\ -4.6080 & -10.240 & 6.1440 \\ -16.9152 & 6.1440 & -18.4464 \end{pmatrix} \sim \begin{pmatrix} 1 & 0 & 0.7500 \\ 0 & 1 & -0.9375 \\ 0 & 0 & 0 \end{pmatrix}$$

$$\Rightarrow x_1 = -0.75x_3\ ,\ x_2 = 0.9375x_3 \Rightarrow \underline{v}_1 = (0.48\,,\,-0.6\,,\,-0.64)^T$$

Zu $\lambda_2 = -25$:

$$\begin{pmatrix} 12.6864 & 4.608 & -16.9152 \\ -4.6080 & 30.760 & 6.1440 \\ -16.9152 & 6.144 & 22.5536 \end{pmatrix} \sim \begin{pmatrix} -0.75 & 0 & 1 \\ 0 & 1 & 0 \\ 0 & 0 & 0 \end{pmatrix}$$

$$\Rightarrow 0.75x_1 = x_3\ ,\ x_2 = 0 \Rightarrow \underline{v}_2 = (0.8\,,\,0\,,\,0.6)^T$$

Wir berechnen $\underline{v}_3$ nun als das Kreuzprodukt der ersten beiden Eigenvektoren:

$$\underline{v}_3 = \underline{v}_1 \times \underline{v}_2 = \begin{pmatrix} 0.48 \\ -0.6 \\ -0.64 \end{pmatrix} \times \begin{pmatrix} 0.8 \\ 0 \\ 0.6 \end{pmatrix} = \begin{pmatrix} -0.36 \\ -0.8 \\ 0.48 \end{pmatrix}$$

$$\Rightarrow P = \begin{pmatrix} 0.48 & 0.8 & -0.36 \\ -0.6 & 0 & -0.8 \\ -0.64 & 0.6 & 0.48 \end{pmatrix}$$

damit

$$\hat{A} = D^T A D =$$

$$\begin{pmatrix} 0.48 & -0.6 & -0.64 \\ 0.8 & 0 & 0.6 \\ -0.36 & -0.8 & 0.48 \end{pmatrix}\begin{pmatrix} -12.3136 & -4.608 & -16.9152 \\ -4.6080 & 5.760 & 6.1440 \\ -16.9152 & 6.144 & -2.4464 \end{pmatrix}\begin{pmatrix} 0.48 & 0.8 & -0.36 \\ -0.6 & 0 & -0.8 \\ -0.64 & 0.6 & 0.48 \end{pmatrix} = \begin{pmatrix} 16 & 0 & 0 \\ 0 & -25 & 0 \\ 0 & 0 & 0 \end{pmatrix}$$

setze weiterhin

$$\hat{\underline{b}} = \underline{b}^T P = (-64, 300, 0)^T \text{ und } \underline{y} = P^T \underline{x}$$

Wir erhalten so

$$\underline{x}^T P P^T A P P^T \underline{x} + 2\underline{b}^T P P^T \underline{x} + c = 0$$

$$\underline{y}^T \tilde{A} \underline{y} + 2\tilde{\underline{b}} \underline{y} + c = 0$$

$$\underline{y}^T \begin{pmatrix} 16 & 0 & 0 \\ 0 & -25 & 0 \\ 0 & 0 & 0 \end{pmatrix} \underline{y} + 2(-64, 300, 0) - 3744 = 0$$

An diesem Punkt wollen wir eine Verschiebung um einen Vektor $\underline{w}$ vornehmen, sodaß der Linearterm verschwindet. Wir haben:

$$\underline{y}^T \tilde{A} \underline{y} + 2\tilde{\underline{b}}^T + c = 0$$

$$\Leftrightarrow$$

$$(\underline{y} - \underline{w} + \underline{w})^T \tilde{A} (\underline{y} - \underline{w} + \underline{w}) + 2\tilde{\underline{b}}^T (\underline{y} - \underline{w} + \underline{w}) + c = 0$$

$$\Leftrightarrow (\underline{z} := \underline{y} - \underline{w})$$

$$(\underline{z} + \underline{w})^T \tilde{A} (\underline{z} + \underline{w}) + 2\tilde{\underline{b}}^T (\underline{z} + \underline{w}) + c = 0$$

$$\Leftrightarrow$$

$$\underline{z}^T \tilde{A} \underline{z} + \underline{z}^T \tilde{A} \underline{w} + \underline{w}^T \tilde{A} \underline{z} + \underline{w}^T \tilde{A} \underline{w} + 2\tilde{\underline{b}}^T \underline{z} + 2\tilde{\underline{b}}^T \underline{w} + c = 0$$

$$\Leftrightarrow$$

$$\underline{z}^T \tilde{A} \underline{z} + 2(\tilde{\underline{b}}^T + \underline{w}^T \tilde{A}) \underline{z} + (2\tilde{\underline{b}}^T + \underline{w} \tilde{A}) \underline{w} + c = 0$$

Also muß $\underline{w}$ so berechnet werden, daß der Term $(\tilde{\underline{b}} + \underline{w}^T \tilde{A}) = 0$ ist.

$$\tilde{\underline{b}}^T + \underline{w}^T \tilde{A} = (-64, 300, 0) + (w_1, w_2, w_3) \tilde{A} = 0 \Rightarrow \underline{w} = (4, 12, 0)^T$$

(w_3 ist zwar beliebig zu wählen, es ist $w_3 = 0$ aber sicherlich die vernünftigste Wahl)
Es ergibt sich

$$\underline{z}^T \tilde{A} \underline{z} + \tilde{\underline{b}}^T \underline{w} + c = 0$$

Also

$$(z_1, z_2, z_3) \begin{pmatrix} 16 & 0 & 0 \\ 0 & -25 & 0 \\ 0 & 0 & 0 \end{pmatrix} \begin{pmatrix} z_1 \\ z_2 \\ z_3 \end{pmatrix} - 400 = 0$$

bzw.

$$16z_1^2 - 25z_2^2 = 400$$

Dies ist eine Hyperbel und läßt sich auch durch folgende Gleichung darstellen:

$$\frac{z_1^2}{a^2} - \frac{z_2^2}{b^2} = 1 \quad a = 5 \ , \ b = 4$$

Zur Rücktransformation benutzen wir eine weitere Gleichung, die die positiven Halbäste der Hyperbel beschreibt ($z_1 = \alpha$):

$$z_2 = 4\sqrt{(\frac{\alpha}{5})^2 - 1} \Rightarrow \underline{z} = \begin{pmatrix} \alpha \\ 4\sqrt{(\frac{\alpha}{5})^2 - 1} \\ 0 \end{pmatrix}$$

Wir hatten $\underline{z} = \underline{y} - \underline{w} \Rightarrow \underline{y} = \underline{z} + \underline{w}$ mit $\underline{w} = (4, 12, 0)^T$, also

$$\underline{y} = \begin{pmatrix} \alpha + 4 \\ 4\sqrt{(\frac{\alpha}{5})^2 - 1} + 12 \\ 0 \end{pmatrix}$$

und $\underline{y} = P^T\underline{x} \Rightarrow \underline{x} = (P^T)^{-1}\underline{y} = P\underline{y}$

$$\underline{x} = \begin{pmatrix} 0.48\alpha + 3.2\sqrt{(\frac{\alpha}{5})^2 - 1} + 11.52 \\ -0.6\alpha - 2.4 \\ -0.64\alpha + 2.4\sqrt{(\frac{\alpha}{5})^2 - 1} + 4.64 \end{pmatrix}$$

Literaturliste

M. BARNER, F. FLOHR: *Analysis I—II*, De Gruyter, 1983.

K. BURG, H. HAF, F. WILLE : *Höhere Mathematik für Ingenieure*, Band I—IV, B.G.Teubner Stuttgart, 1985.

F. ERWE: *Differential- und Integralrechnung*, Band 1—2, Bibliographisches Institut, 1962.

H. ESSER, H.TH. JONGEN: *Analysis für Informatiker*, Skript zur Vorlesung, Augustinus–Buchhandlung Aachen, 1990.

H. ESSER, H.TH. JONGEN: *Differentialgleichungen und Numerik für Informatiker*, Skript zur Vorlesung, Augustinus—Buchhandlung Aachen, 1990.

K. v. FINCKENSTEIN: *Grundkurs Mathematik für Ingenieure*, Teubner Verlag, 1990.

O. FORSTER: *Analysis I*, Vieweg Verlag, 1980.

O. FORSTER: *Analysis II*, Vieweg Verlag, 1981.

O. FORSTER: *Analysis III*, Vieweg Verlag, 1983.

K. HABETHA: *Höhere Mathematik für Ingenieure und Physiker*, Band 1, Klett 1976.

K. HABETHA: *Höhere Mathematik für Ingenieure und Physiker*, Band 2, Klett 1978.

K. HABETHA: *Höhere Mathematik für Ingenieure und Physiker*, Band 3, Klett 1979.

G. HELLWIG: *Höhere Mathematik I. Eine Einführung*, Band 1, Bibliographisches Institut, 1971.

G. HELLWIG: *Höhere Mathematik I. Eine Einführung*, Band 2, Bibliographisches Institut, 1972.

H.TH. JONGEN, P.G. SCHMIDT: *Analysis*, Erster Teil, Skript zur Vorlesung, Augustinus–Buchhandlung, Aachen, 1988.

H.TH. JONGEN, P.G. SCHMIDT: *Analysis*, Zweiter Teil, Skript zur Vorlesung, Augustinus–Buchhandlung, Aachen, 1989.

S. LIPSCHUTZ: *Lineare Algebra, Theorie und Anwendung*, Schaum, McGraw-Hill Book Company, 1977.

H. v. MANGOLD, H. KNOPP: *Einführung in die Höhere Mathematik*, Band 1—2, Hirzel (Stuttgart), 1957.

H. v. MANGOLD, H. KNOPP: *Einführung in die Höhere Mathematik*, Band 3, Hirzel (Stuttgart), 1958.

K. MEYBERG, P. VACHENAUER: *Höhere Mathematik*, Band 1—2, Springer—Verlag Berlin · Heidelberg · New York · London · Paris · Tokyo · Hong Kong, 1990.

Eine vorzügliche Formelsammlung enthält

I.N. BRONSTEIN, K.A. SEMENDJAJEW: *Taschenbuch der Mathematik,*

Verlag Harri Deutsch, Thun und Frankfurt am Main, 1983.

— Register —

Aachener Beiträge zur Mathematik

ABM Bd. 1

Esser, H. & Jongen, H. Th.
Analysis für Informatiker,
5. Auflage 1998, 128 Seiten;
ISBN 3-86073-643-4

ABM Bd. 2

Meier, H.-G.
Diskrete und kontinuierliche Newton-Systeme im Komplexen,
1. Auflage 1991, 135 Seiten;
ISBN 3-86073-039-8

ABM Bd. 3

Jank, G. & Jongen, H. Th.
Höhere Mathematik I,
5. Auflage 1997, 356 Seiten;
ISBN 3-86073-300-1

ABM Bd. 4

Jank, G. & Jongen, H. Th.
Höhere Mathematik II,
3. Auflage 1999, 200 Seiten;
ISBN 3-86073-044-4

ABM Bd. 5

Weber, G.-W.
Charakterisierung struktureller Stabilität in der nichtlinearen Optimierung,
1. Auflage 1992, 182 Seiten;
ISBN 3-86073-066-5

ABM Bd. 6

Peters, H. & Vrieze, K.
A Course in Game Theory,
2. Auflage 1993, 148 Seiten;
ISBN 3-86073-087-8

ABM Bd. 7

Bonten, O.
Über Kommutatoren in endlichen einfachen Gruppen,
1. Auflage 1993, 152 Seiten;
ISBN 3-86073-093-2

ABM Bd. 8

Esser, H. & Jongen, H. Th.
Differentialgleichungen und Numerik für Informatiker und Physiker,
5. Auflage 1999, 120 Seiten;
ISBN 3-86073-301-X

ABM Bd. 9

Mathar, R.
Informationstheorie,
2. Auflage 1996, 88 Seiten;
ISBN 3-86073-113-0

ABM Bd. 10

Meyer, R.
Matrix-Approximation in der multivariaten Statistik
- Invariante Präordnungen und algorithmische Aspekte bei Matrix-Approximationsproblemen in multivariaten statistischen Verfahren -,
1. Auflage 1993, 140 Seiten;
ISBN 3-86073-185-8

ABM Bd. 11

Geck, M.
Beiträge zur Darstellungstheorie von Iwahori-Hecke-Algebren,
1. Auflage 1995, 171 Seiten;
ISBN 3-86073-420-2

ABM Bd. 12

Nebe, G.
Endliche rationale Matrixgruppen vom Grad 24,
1. Auflage 1995, 126 Seiten;
ISBN 3-86073-421-0

ABM Bd. 13

Guo, Y.
Locally Semicomplete Digraphs,
1. Auflage 1995, 108 Seiten;
ISBN 3-86073-422-9

ABM Bd. 14

Pfeiffer, G.
Charakterwerte von Iwahori-Hecke-Algebren von klassischem Typ,
1. Auflage 1995, 76 Seiten;
ISBN 3-86073-423-7

ABM Bd. 15

Urban, K.
Multiskalenverfahren für das Stokes-Problem und angepaßte Wavelet-Basen,
1. Auflage 1995, 223 Seiten;
ISBN 3-86073-424-5

ABM Bd. 16

Opgenorth, J.
Normalisatoren und Bravaismannigfaltigkeiten endlicher unimodularer Gruppen,
1. Auflage 1996, 114 Seiten;
ISBN 3-86073-425-3

ABM Bd. 17

Eick, B.
Charakterisierung und Konstruktion von Frattinigruppen mit Anwendungen in der Konstruktion endlicher Gruppen,
1. Auflage 1996, 76 Seiten;
ISBN 3-86073-426-1

ABM Bd. 18

Hulpke, A.
Konstruktion transitiver Permutationsgruppen,
1. Auflage 1996, 160 Seiten;
ISBN 3-86073-427-X

ABM Bd. 19

Jongen, H. Th. & Schmidt, P. G.
Analysis,
2. Auflage 1998, 632 Seiten;
ISBN 3-86073-428-8

ABM Bd. 20

Celler, F.
Konstruktive Erkennungsalgorithmen klassischer Gruppen in GAP,
1. Auflage 1997, 102 Seiten;
ISBN 3-86073-429-6

ABM Bd. 21

Theißen, H.
Eine Methode zur Normalisatorberechnung in Permutationsgruppen mit Anwendungen in der Konstruktion primitiver Gruppen,
1. Auflage 1997, 179 Seiten;
ISBN 3-86073-640-X

ABM Bd. 22

Brückner, H.
Algorithmen für endliche auflösbare Gruppen und Anwendungen,
1. Auflage 1998, 100 Seiten;
ISBN 3-86073-641-8

Aachener Beiträge zur Mathematik

ABM Bd. 23

Bock, H.
Über das Iterationsverhalten meromorpher Funktionen auf der Juliamenge,
1. Auflage 1998, 104 Seiten;
ISBN 3-86073-642-6

ABM Bd. 24

Szőke, M.
Examining Green Correspondents of Weight Modules,
1. Auflage 1998, 280 Seiten;
ISBN 3-86073-644-2

ABM Bd. 25

Tewes, M.
In-Tournaments and Semicomplete Multipartite Digraphs,
1. Auflage 1999, 128 Seiten;
ISBN 3-86073-645-0